新声·
科普文丛

爱在量子前

九维空间◎著

长江出版传媒
湖北科学技术出版社

图书在版编目（CIP）数据

爱在量子前 / 九维空间著 . —武汉 : 湖北科学技
术出版社 , 2018.1
 ISBN 978-7-5352-9792-1

 Ⅰ . ①爱… Ⅱ . ①九… Ⅲ . ①量子力学—光通信—普
及读物 Ⅳ . ① TN929.1-49

中国版本图书馆 CIP 数据核字 (2017) 第 257761 号

爱在量子前

AIZAILIANGZIQIAN

出 品 人：何　龙
选题策划：何少华
责任编辑：高　然　彭永东　　　　　　　　　封面设计：胡　博
出版发行：湖北科学技术出版社　　　　　　　电话：027-87679468
地　　址：武汉市雄楚大街268号　　　　　　　邮编：430070
　　　　　（湖北出版文化城B座13-14层）
网　　址：www.hbstp.com.cn

印　　刷：武汉中科兴业印务有限公司　　　　　邮编：430071

| 700×1000 | 1/16 | 18.75印张 | 230千字 |

2018年1月第1版　　　　　　　　　　　　　2018年1月第1次印刷
　　　　　　　　　　　　　　　　　　　　　　定价：46.00元

本书如有印装质量问题　可找本社市场部更换

序一

嬉笑间让物理异彩纷呈

张先生文卓学弟高才，研究最高深的物理，会画漫画，还会写小说。其曾经并仍然盘桓在世界级的物理研究机构就是第一项的强证据，至于画漫画和写小说的水平，大约就以本书为准。这般文采卓越——谁让人家小时候就被赋予了这样的使命了呢——用之于科学传播，那是碾压我们常人的巨大优势。过去的 10 多年里，文卓虽然事务繁忙，却依然著述颇丰，且花样翻新，有令人眼花缭乱之效。此次结集出版，诚我等粉丝之幸事，至少免了搜集之苦。

文卓慧敏，大三的时候就能写出《爱在量子前》那样的充满想象力而又文艺的歌词来。说实话，我有幸和他在同一所学校，同是在三年级时修习的量子力学，但我当年大脑里是一片苍茫而本人却毫不知忧伤。那些烧脑的概念，什么普朗克的公式、玻尔的模型、薛定谔的方程、海森堡的矩阵，还有狄拉克的怪符号和泡利的不相容，我是做了教授以后才稍微知道一点的。文卓甫一出手便见不凡，于嬉笑间让物理异彩纷呈，瞬间招来赞誉无数。接下来的《孤单光量子》和《退相干以后》，把费曼图、BEC、规范场、重整化、纠缠态的 Bell 基等会把大多数物理博士生虐得怀疑人生的概念，都融入了流行的旋律。它们

既可以被科研民工在实验室里用于一天劳累后的调侃，又不妨被文艺人士拿去作为沙龙里向异性炫耀的谈资，则其最终被模仿、被剽窃便也就顺理成章了。

做物理知识传播的，最怕的就是社会上流行的物理枯燥无味的谣言。如果你看着月亮问一个大妹子："知道不，俺今天让苹果给砸了。你说这苹果能从树上掉下来，这月亮咋不从天上掉下来呢？"回答也一定会是斯托里妹子回怼牛顿的"你无聊"！文卓的文集，该是对这种认为物理枯燥无味之迷信的无声辩驳。文卓成长在已经不那么会"耽误青年人健康成长"的中国科技大学校园，他的幽默堪将艰深的物理概念化为会心一笑，从而让人念兹在兹。他漫画中的仰面构思波动方程的薛定谔形象，就让我忍俊不禁。此外，注意到他那能气到女同学的不显老基因，则他慢慢修来的沧桑，也必然是薛定谔式的。未来的日子里，不学物理的普通民众，也会相信"这个大叔"关于更多、更深物理的解释。哪怕亲见反物质和物质在磁光阱里湮灭发出耀眼的光芒，只是因为他说了这里释放的总能量还不如一颗手雷的威力，那民众就会有气定神闲的信心。

文卓的作品，不能混同于廉价的、非科学工作者拼凑的科普。没有从物质波到退相干理论的底子，以及对薛定谔生活轶事的了解，大概不能破解"薛定谔的加菲猫"漫画中所有的梗。至于其他文章，更是随处可见近代物理学的关键概念。然而，那也绝不是物理概念的简单堆垛——这正是文卓的文章独特价值之所在。《狄拉克之旋》就是我当教授，他在我对门做博士后时，我读到的他写的科幻小说，我清楚地记得当时我是击节赞叹后急忙找机会去结识了他。在这部他啼声初试的科幻小说里，那个有着北狄血缘的小伙子，生活里是自旋、弦和场的合奏，还有单体问题耦合成多体问题的烦恼以及时刻想从束缚态变回自由场的渴望，不想有一日在千辛万苦地囚禁了反物质后，却被一群恐怖分子囚禁在了实验室。这么会拿科学编故事的人，不去追求超越《三体》真可惜了。文中提及了丹·布朗的《天使与魔鬼》，我仿佛觉得它还有《数字城堡》的意味。

文卓笔下的文字玩笑戏谑，却处处在严肃地介绍真正的物理学，以及物理和物理学家内心深处那种被称为科学精神的东西。他笔下年轻的物理学家在弥留之际，想的是大多数物理学家在华发苍苍却毫无建树的时候，多少都曾拷问过自己的问题："你为什么选择了学物理？" 面对这个让我们中的很多人都羞愧难当的问题，文卓借他笔下的 hero 之口给出的回答，不出意料的是那句激励了无数学人甘守清贫宁可默默无闻的 "朝闻道，夕死可矣"。我猜这是文卓理解的物理学的魅力、科学的魅力，这别样的魅力必然会随着他的文字让更多的人也感受到。

是为序。

曹则贤

2017 年 10 月 01 日

于中国科学院物理研究所

序二

对于现在的很多00后年轻人来说，他们可能已经不知道"九维空间"创作的《爱在量子前》《孤单光量子》等歌词在21世纪初的中文互联网的那种风靡一时的盛况。

那大概是在2003年左右，我还在北京师范大学物理系读大学，作为一个对理论物理很有兴趣的大学生，我当时看到了这样的歌词：

《爱在量子前》

普朗克先生将黑体辐射公式作改变，宣告量子力学诞生距今已一百又零六年。

薛定谔方程，天才的灵光一现，用德布罗意波写出物理学光辉顶点。

对易，表象，守恒，自旋，是谁的发现？喜欢在光谱中你只属于我的那条线。

经过丹麦玻尔研究院，我以大师之名许愿，思念像海森堡矩阵般地蔓延。

当波函数只剩下测不准语言，概率就成了永垂不朽的诗篇。

我给你的爱是轨道加自旋深埋到每一个原子的里面，

隔一个世纪再一次发现泡利不相容原理依然清晰可见。

我给你的爱是轨道加自旋渗透到每一个原子的里面，

用狄拉克符号刻下了永远那一宏观确定的经典不会再重演。

我感到很疲倦，能级低的好可怜，害怕再也不能跃迁到你身边……

当时我不知道歌词的原作者到底是谁，只知道这是一个叫"九维空间"的网民创作的歌词作品。至于他到底是什么人，我猜想他肯定是一个在名校物理系读书的年轻人，也估计他的年龄与我差不多。后来事实证明，他确实是与我一样，都是 2000 级的物理学本科出身。

又过了两年，大概是 2005 年，有着同样风格的魔性歌词再次在中文互联网上流行开来，这词作者当然还是"九维空间"。

《孤单光量子》

用我的能量帮助你跃迁，看你把激发能级填满。

我，看见真空态在闪，听湮灭对产生说要勇敢。

别看我们在宇宙的两端，把我的波矢汇成一线，

飞，用光速飞到你面前，让你能看到粒子边有反粒子做伴。

少了我的频率来共振你习不习惯，你的 QED 解不出我光量子的孤单，

波函数的模方绕原子核来回旋转，我会耐心地等，随时冲到你身边。

少了我的能量来吸收你习不习惯，你的费曼图画不出我光量子的孤单，

空间再远两颗粒子也能叠加相干，融入你的瞬间，我的生命化做你的

一半……

那么，这个名声大噪的"九维空间"到底是什么人？

后来，我的一个大学同学叫罗会仟，他在中国科学院物理所读博，他告诉我说，"九维空间"真名叫张文卓，是他在物理所的同学，于是我也就与文卓间接认识了。

认识文卓以后，我们一起吃饭聊天，也八卦天南海北的物理界的事情，他还多次开车送我回家，通过与他在现实中交流，我深刻地感受到他是一个很有思想的人。另外，以我对他的了解，我觉得文卓看起来是一个比较腼腆的汉子，这与他在网上针砭民科的网络风格还是有所不同的。

张文卓博士先后在中科院上海光机所、中科院物理所和丹麦 Aarhus 大学进行超冷原子实验和量子模拟，回国后任中科院量子信息卓越创新中心副研究员，后来他加盟中国科技大学上海研究院，在潘建伟院士的研究组里工作。因此，每当我对"墨子号"等量子实验卫星有不明白的地方，我都会向文卓请教，他给我的专业回答让我获益匪浅。

张文卓博士在科普上有很多贡献，他早年创作了《我，海森堡》《薛定谔的加菲猫》《狄拉克之旋》量子三部曲。我读过那些作品，不但对《我，海森堡》的思想性很佩服，也对《薛定谔的加菲猫》的漫画风格十分钦佩，我觉得文卓是最早把原创漫画引入近代物理科普的原创型作者之一。而《狄拉克之旋》的小说风格也是我非常喜欢的。

这次文卓的这些书稿在湖北科学技术出版社正式出版，可以说是物理学科普界的一件有趣的事情（好吧，我这样说，也许部分原因是因为此书与我的一本科普书《相对论与引力波》同时在同一个出版社出版）。

这是文卓正式出版的第一本科普书，我作为文卓的朋友愿意把此书推荐给大家，这次有机会给他写序，我是非常害羞的，毕竟我只是一个与他同年纪的科普作家，所谓人微言轻，我推荐的力度可能不够厉害。但我相信，文卓的这本书对量子力学融入中国的文化有一定的帮助，此书对青少年的成长也很有启发——毕竟创建量子力学的都是一些年轻人，我相信年轻人的思想与情感还是相通的，因此，此书会给年轻人以共鸣。

文卓是专业的科研工作者，他的科学素养足够写出好的科普，因此我相信在未来如果中国的科普条件更适合年轻原创科普作家成长的时候，他一定还会有更加精彩的科普作品出版。

多余的话也就不多说了，只能说是真金子一定会发光，此书是有价值的，您既然已经买了，那肯定是买不了吃亏买不了上当，那就好好看看吧。

张轩中

2017 年 10 月 7 日于北京

序三

掰指头一算，发现认识文卓已过 10 年。十年弹指一挥间，我们彼此都从苦逼的研究生熬成了苦逼的副研究员；十年恍若黄粱一梦，我们彼此也从默默无名小卒炼成了民科和百姓都又爱又恨的科普小网红；十年不过人生匆匆一瞬，各种忧愁苦闷烦恼快乐都只是过眼浮云，失去的是我们再也回不去的青葱岁月，得到的是我们都有了无数家庭和工作的羁绊。十年的光阴里，我和文卓见面的次数，竟然也同样是屈指可数的。至今回忆起来，却也是一种美好。

读研的时候，我在北京，而我大学上铺的兄弟去了上海。暑假里偶尔碰面一次，他忽然问我："你作为一个小文青，是否认识张文卓？"我有点蒙，心里直嘀咕，到底谁是张文卓？室友点拨道，"就是那个'九维空间'，写了个《爱在量子前》"。我才猛然想起来，好像我博客里有关注这么一个人，至于《爱在量子前》嘛……"我以大师之名许愿，思念像海森堡矩阵般地蔓延。当波函数只剩下测不准语言，概率就成了永垂不朽的诗篇。"一想到就会情不自禁地唱起来！在 BBS 猖獗的时代，如此有才的改编不可能不被人转来转去，"九维空间"的大名，校内路人皆知。而后文卓改编的若干篇歌词如《孤单光量子》《退相干以后》《寂寞原子冷》……至今或许仍在大学校园里传颂。只是可惜如今 90 后知道周杰伦、林俊杰、周传雄的越来越少，大众口味变了，喜欢物理的也少了。

我和文卓同在科学院毕业，然在不同的研究所，却又混迹在同一个BBS。文卓的《量子三部曲》和我的《水煮物理》的诞生，就是在我们追求科学理想过程中出现的一个不可复制的过程。然文卓对量子的痴迷，远远超越了我。在我还在为话剧《哥本哈根》而感动落泪的时候，文卓就只身去了德国慕尼黑的郊外，寻找海森堡大师的安眠之地。直到我毕业后有了出国的机会，才追随文卓的足迹，在他的指引下，从上万个墓碑里，找到了大师和他家人那块普通得不能再普通的墓。上面，没有传说中的"我既在这里，也在那里"，也没有测不准原理的公式，只有他和他家人的名字，以及生卒年月。这，就是一名普通的物理学家，和我们一样又不一样的普通人。这或许就是《我，海森堡》给我的真实感受——在时代的面前，大师会顺运而生，大师也会顺命而去，唯有物理，长存于人间。

等到《薛定谔的加菲猫》出炉，文卓已经从科普界的"歌词艺人"和"大师粉丝"转型成了"漫画小编"。半死不活又好死赖活的薛定谔猫，被文卓的CorelDRAW之笔点睛成了萌宠加菲猫，量子力学终究还是有趣的！同时，文卓的《狄拉克之旋》也浮出网络，在和量子英雄惺惺相惜的过程中，文卓不知不觉把自己求学和求知之路印在了作品里面。追求物理，成为一名科学家，事实完全不像我们小时候向往的那样高大上。在科学家眼里，所谓的科学家，也不过是从事共同职业共享一碗饭的同行罢了。更多的时候，术业有专攻，一位科学家并不知道另一位科学家在做什么，也从来就不想知道。狄拉克就是一位寡言的科学家，他沉浸在量子的美妙世界里，独乐乐足矣。文卓也是一位少言的人，我俩刚博士毕业工作的时候，曾有一段日子在同一栋楼上下层。我不知道文卓整天在忙乎啥，他也不知道我整天在干吗，偶尔的交集无非是实验室缺个锤子、改锥过来借用一下。直到有一天，突然想起很久没见到他了，一问，才发现早

已离开，去了上海。

从科大才华横溢的小小少年，到物理所冷原子腔里的激情岁月，再到如今上海前沿实验室里的量子风云，文卓一步步追逐着他的量子梦想。未来的希望，依旧在远方，相信会更加美好！

罗会仟　2017 年 9 月 3 日于北京

前言

　　非常感谢湖北科学技术出版社出版我的文集《爱在量子前》。这个文集包含了我自 2003 年以来，以笔名"九维空间"或实名所撰写的几乎所有的科普和科幻作品，大多曾发表在网络上和科普杂志上。

　　我从事的是量子物理学领域的科研工作。"量子"这个词和光子、电子、夸克等基本粒子，以及原子、分子等复合粒子的概念不一样，它是一个更为广泛和基础的概念。在微观世界里，人类发现很多物理量，比如能量、动量、电荷等，都有一个不能再分下去的最小单元，这个最小单元就叫做量子。我们的宇宙布满了各种各样的"场"，这些场的量子，也就是这些场的能量、动量和其他物理量的最小单元，就是各种基本粒子。例如，光场的量子就是光子，电子场的量子就是电子和正电子，夸克场的量子就是夸克和反夸克等。这些基本粒子构成了质子、中子、原子、分子等各种各样的复合粒子，进而构成了我们的宇宙万物。从根本上说，这个世界是量子的。

　　当然量子的神奇远不止于此，它是粒子性和波动性的统一，它存在一种叫做"叠加态"的神奇状态。在我们的宏观世界里，因为太多的相互作用使得这种叠加的状态消失不见，所以我们可以用牛顿力学来描述宏观世

界。但是在微观世界里，牛顿力学不再适用，我们必须要用"量子力学"来描述这种神奇的叠加态，以及波动性和粒子性的统一。20世纪初建立的量子力学是物理学史上最重要、最彻底的一次革命，量子力学和相对论也被誉为现代物理学的两大支柱。但是，由于量子力学的研究内容和相关领域要远多于相对论，涵盖了从基本粒子到宇宙繁星各个方面，并且催生了人类的第三次科技革命（信息革命），因此，我认为"量子"这个词几乎可以等同为"现代物理学"。

对于一个从本科入学到博士毕业，再到现在一直都投身于物理学专业的人来说，"量子"这个词已经成为我最深的一个烙印。我愿意把这个烙印的起点追溯到我在2003年第一次学习量子力学专业课时创作的那一篇歌词《爱在量子前》，并把它作为我整个作品集的书名。那是一个值得回忆的日子，《大学自习室》最早在我们学校的BBS上流传开来，我是第一批听众，一年之后它才火遍大江南北。我的《爱在量子前》那时也在网上迅速流传开来，很可能是中文互联网上最早的学术歌词。在那之后的几年，我又创作了《孤单光量子》等几首歌词。直到最近为我们团队的"墨子号"量子科学实验卫星又重新创作一首《南山南·量子星》。这些歌词作为本书的第一部分，每一首歌词的说明部分都简单地记录了我当时的生活。我希望这些歌词作为文集的切入点，能让各位读者觉得量子力学的各种术语并不那么乏味，而是十分有趣的。

本书的第二部分是我博士毕业后的这几年撰写过的所有科普文章，包含了从最广泛的物理学领域划分，到最深入的量子力学诠释，再到最细致的量子通信原理介绍等。希望通过这些文章，能让各位读者对量子物理学和量子信息学有一个初步的认识，能够分辨一些外行对蓬勃发展的量子信息技术的诋毁，同时也能够认清量子信息技术以外的那些所谓量子医学健康产品的欺骗手段。

本书的第三部分是全书的主体，我称之为《量子三部曲》，包含了我用量子力学三位主要创始人的名字分别命名的三个作品。第一个作品是仿第一人称语气的《我，海森堡》，创作于我在中国科学院物理研究所工作期间。海森堡是我最感兴趣的一位物理学家，作为量子力学第一位建立者，他的一生就像一个武侠小说的主人公一样精彩：年少成名即练就绝世武功，拜师三大高手，与多位少年英雄煮酒论剑，使整个武林天翻地覆焕然一新，与玻尔师徒联手胜过天下第一的爱因斯坦半招，为国效力发动不义之战，错失定天下的神器……借助海森堡的一生，我将20世纪物理学的发展历史主线做了一个概述。第二个作品是我尝试用漫画的形式简短地介绍了量子力学核心方程的提出者薛定谔先生的那些八卦，即《薛定谔的加菲猫》，在漫画里我虚构了加菲猫的一个祖先，就是那只著名的"薛定谔的猫"。第三个作品以量子力学的集大成者狄拉克命名，讲的却不是狄拉克的故事，而是一部硬科幻小说。这部小说创作于我在丹麦Aarhus大学做博士后期间。在这部小说里，我虚构了不远的将来，一位视狄拉克为偶像中国物理学子的求学经历。主人公的经历在一定程度上反映了物理学专业的现实和无奈，同时我也将很多个人的世界观和理想融入这个主人公的故事当中。

张文卓

2017 年 11 月

于中国科学技术大学上海研究院

目录
Contents

第一篇

爱在量子前

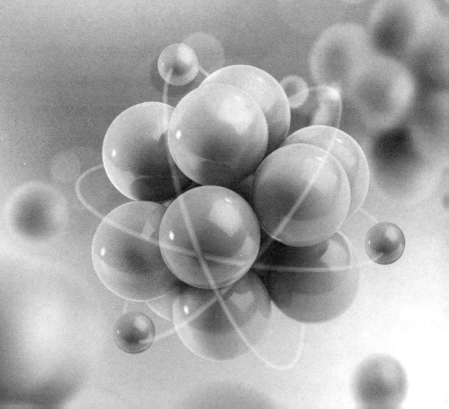

爱在量子前

普朗克先生将黑体辐射公式改变，

宣告量子力学诞生距今已一百一十七年。

薛定谔方程，天才的灵光一现，

用德布罗意波写下物理学的光辉顶点。

对易、表象、守恒、自旋是谁的发现，

喜欢在光谱中你只属于我的那条线。

经过丹麦玻尔研究院，我以大师之名许愿，

思念像海森堡矩阵般地蔓延。

当波函数只剩下测不准语言，

概率就成了永垂不朽的诗篇。

我给你的爱像轨道加自旋深埋在每一个原子的里面，

隔一个世纪再一次发现泡利不相容原理依然清晰可见。

我给你的爱像轨道加自旋深埋在每一个原子的里面，

用狄拉克符号写下了永远那一宏观确定的经典不会再重演。

我感到很疲倦，能级低得好可怜，害怕再也不能跃迁到你身边……

我给你的爱像轨道加自旋深埋在每一个原子的里面，

隔一个世纪再一次发现泡利不相容原理依然清晰可见。

我给你的爱像轨道加自旋深埋在每一个原子的里面，

用狄拉克符号写下了永远那一宏观确定的经典不会再重演。

爱在量子前……

这首歌词最早改于 2003 年夏天，改编自周杰伦《爱在西元前》，那时我正在准备大三下半学期的量子力学课考试。真是悔恨大学时我没有好好学量子力学（当然老师教得一般，我上课也基本不听，在玩别的），搞得研一的时候需要狂补这门课的知识。

这种改歌词的形式自古有之，以前在报纸上经常看到某些学生把某流行歌曲重新填词，改成了自己的生活遭遇等。但是这种把歌词改成所学专业课内容的"学术歌曲"当时极为罕见，不知道哪里来的灵感，我想到了把原歌词中古巴比伦的历史替换成了量子力学的历史。于是，网络上流行的学术歌曲版本里，恐怕我这个是最早的。我当时给这首歌词起的名字是《爱在西元前》——量子力学版，最早是发到了 ChinaRen 校友录的 BBS 上，随后从某个同学口中得知它被网友疯狂转载。后来有了同仁创作的《东风破》——化学实验版，等等。

我们研一是在中国科学技术大学上的基础课，我入学后在科苑星空和瀚海星云两个 BBS 上注册了 ID，随后我把这首歌词改名为《爱在量子前》，作为我在这两个 BBS 上的签名档。

这里有一个"彩蛋"，就是第一句歌词，距 1900 年普朗克先生的论文发表差多少年，我就改成多少年。于是从一百零三一直写到了现在的一百一十七，时光飞逝……

孤单光量子

用我的能量帮助你跃迁，

看你把激发能级填满。

我，看见真空态在闪，

听湮灭对产生说要勇敢。

别看我们在宇宙的两端，

把我的波矢汇成一线，

飞，用光速飞到你面前，

一路上看到粒子边有反粒子做伴。

少了我的频率来共振你习不习惯，

你的费曼图画不出我光量子的孤单，

波函数的模方绕原子核来回旋转，

我会耐心地等，随时冲到你身边。

少了我的能量来吸收你习不习惯，

你的 QED 解不出我光量子的孤单，

空间再远两颗粒子也能叠加相干，

融入你的瞬间，我的生命化做你的一半……

《孤单光量子》改编自欧得洋的歌《孤单北半球》。改编时间大概是
2004年年底，是我研一第一学期的期末，在我复习专业课"量子光学"时
候改的。这门课当时我学得一般，但是后来发现它对我的研究方向是如此
重要。2005年回到所里后，我又要反复不断地温故知新，不断地深入理解
和应用，用里面的半经典模型和全量子模型来解释我实验观测到的冷原子
非线性光谱。它构成了我的博士论文很重要的一部分。

2014年我在丹麦做博士后期间，得知这首歌词被万合天宜的网剧《万万
没想到》拿去使用，但未经我许可，这属于剽窃行为。

退相干以后

非定域的节奏，

波函数不独有。

纠缠是绝对承诺不说，

撑到退相干以后。

EPR 对，从未分开，

谁在隐形传输我们的纯态。

广义测量坍缩向了我，

Bell 基下你要的爱。

因为在退相干以后，

qubit 早已不是我。

无法遍历整个 Bloch 球，

关联着你温柔。

别等到退相干以后，

Schmit 分解不掉我。

伴着 Von Neumann 熵到来，

能有谁，纠错永远分离的悲哀……

这首歌词我改于2005年6月，原歌曲是当时非常流行的林俊杰的《一千年以后》。当时是我研一的第二个学期的期末，是在中国科学技术大学代培即将结束的时候。那个学期我选了一门非常头疼的课"量子信息"。当时中国科学技术大学在量子信息领域的研究已经享誉世界，潘建伟和郭光灿的两个实验室正每年大批大批地出产高水平论文。当时这门课刚开两年，没有固定教材，老师上课时内容讲得很深入很广泛，经常要引用比较新的文献，不像现在流行的量子信息教材那样，起点适合研一的学生。

话说中国科学院物理方向的研究生和中国科学技术大学本校物理系的学生基础相对算不错的，但是依旧被这门课折腾得很苦。记得当时3小时的开卷考试都有很多人没写完（其中有我）。后来，听修这门课的师弟说这门课正规多了，中国科学技术大学的老师编写了深入浅出的教材，而且看了他们的考试题后，我发现难度比我们那年有了明显降低。

于是，考试结束后我就把《一千年以后》改成了量子信息内容的《退相干以后》，以作纪念。

没想到多年以后，我还是掉进了量子信息研究的大坑里。

寂寞原子冷

自冷却后心憔悴，

六束激光腔中纷飞，

磁场束缚成阱这个集结。

前方的光放肆拼命地吹，

自发辐射如我的眼泪，

那样温度的美再也无法给，

囚禁一夜一夜。

当冷却的光击碎过往自由的飞，

缀饰态占据了心轨。

有吸收伴着频移，

偏振梯度双飞，

MOT 腔中独徘徊。

当窗外分子释放能量结合喜悦，

独守磁阱难过头也不敢回。

仍然渐渐蒸成 BEC 态微带着后悔，

寂寞原子我该思念谁。

2005 年夏天，我结束了在合肥为期一年的研究生基础课学习，来到了我位于上海的研究所，正式进入实验室。

这时候老板（导师）给我也确定了博士课题，做冷原子物理实验。一时间面临很多新的知识需要补充，很多文献需要读。从激光冷却的教材和几篇经典的《现代物理评论》综述文章读起，到具体阅读一篇篇《物理评论快报》《物理评论 A》《光学快报》上的文章，等论文发表，慢慢进入了这个专业。

恰巧那个时候周传雄的专辑不断涌现，其中一首《寂寞沙洲冷》吸引了我，因为这个"冷"字。谁叫咱是做冷原子的。

和前三首不同的是，这首歌词不是在考试之前改的，而是在那年秋天某个无聊的日子里。从那以后，我好像也没怎么考过试了，呵呵。

借此歌词向我的博士导师、中国冷原子物理研究的奠基人王育竹院士致敬。

 **量子场**

物质与光，粒子数表象，

洛仑兹变换下，此消彼长。

波函数成，量子化的场，

是谁把这算符写进拉格朗日量。

玻色费米，对易反对易，

QED 的辉煌，自能疯狂。

我从远方，所有的方向，

路径积分到你身旁。

量子场论的伤，粒子世界太繁华。

Yang–Mills 规范场，对称性在扩张。

重整化微绕项，标准模型剪不断。

只留着引力在其外彷徨。

画一条线，连接着顶点，

清晰的费曼图，场的形象。

对称坡却，Higgs 质量，

统一了电弱衰变结合电磁场。

谁的颜色，囚禁着夸克，

QCD 作用强，GUT 在望。

无穷的项，Wilson 有效场，

一次截断不留惆怅。

量子场论的伤，粒子世界太繁华。

Yang-Mills 规范场，对称性在扩张。

重整化微绕项，标准模型剪不断。

只留着引力在其外彷徨。

2007年1月，我作为首届"马普学会－中科院"联合培养博士生中的一人，坐上了去德国的飞机，到现在名为 Max-Planck Institute for the Sciences of Light 的研究所进行为期一年的访学。由于那时才转为博一，实验上的技能非常菜鸟，导致这个访学经历变得很坎坷。唯一的收获是那次访学真的提高了实验技能，年底回所时已经由菜鸟蜕变为老手，工作效率很高，一年半搞定一个新的实验，并于 2009 年顺利毕业。

那段时间我孤身一人在埃尔朗根（Erlangen）这个小城，下班时间非常寂寞，于是决心多补充些深入的理论物理知识，啃《量子场论》——这门我研一时曾旁听过但没敢选的课。以色列人大卫·卢里（David Lurié）的 *Particles and fields* 和曼德尔和肖（Mandl and G. Shaw）的 *Introduction to Quantum Field Theory* 是量子场论最经典的两本入门教材，很适合自学。两本书大概内容很相似，都是从基本的拉格朗日场论和狄拉克方程讲起，用正则量子化方法，重点是量子电动力学。区别是后者比前者多了对称破缺和电弱统一理论的章节。

这两本书我一直读到 2008 年，我对量子场论的知识也就停到了这里。后来我试着读温伯格的 *Quantum Theory of Fields* 第二卷，结果被狠狠地打击了。

2007 年 1 月正值《满城尽带黄金甲》热映，电影不怎么样，但是周杰伦的主题曲《菊花台》写得还不错。刚到德国时我的本本里就存着这么一首歌，正逢开始读量子场论的书，我就把量子场论里很多的专业词汇填到了《菊花台》里面，这也是我那些年改的最后一首歌词。从《爱在量子前》到这首，始于周杰伦的歌止于周杰伦的歌，也算是完整吧。

这首歌词在我的博客上贴出来后，被一位 ID 为"老秦"的兄弟转载到了水木 BBS 上并亲自奉上了演唱版，不知水木 BBS 上是否还有备案，大家有兴趣的话可以搜一下，哈哈。

 ## 南山南·量子星版

你在地球的轨道里，自由地飞。

我在地面的山顶上，寒风在吹。

如果天黑之后来得及，我要望着你的眼睛。

奋斗一生，完成我们的梦。

他敢再和你谈论心底的秘密，

因为你们已经分配量子密钥。

他还能感觉远方另一个兄弟，

因为你早已把光子纠缠一起。

他说你激光划过夜空的美丽，不及他第一次遇见你。

时光转瞬即逝，分秒必夺。

如果所有地面站连在一起，扫过夜空只为拥抱你。

熬过深夜的那一刻，晚安。

你在地球的轨道里，自由地飞。

我在地面的山顶上，寒风在吹。

如果天黑之后来得及，我要望着你的眼睛。

奋斗一生，完成我们的梦。

一路顺风，我们的量子卫星。

南山南，兴隆北，丽江古城醉。

德令哈，云在飞，阿里天空美。

阿里天空美。

这是多年后我又重操旧业，目睹同事们为"墨子号"量子卫星的日夜拼搏有感而发，以民谣《南山南》为改编对象，创作了这首歌词，并在新年联欢会上交给同事们演唱。演唱视频可见于"墨子沙龙"公众号。

背景介绍：

（1）"墨子号"量子科学实验卫星由中国科学技术大学牵头，联合中国科学院上海技术物理研究所、中国科学院上海微小卫星工程中心等单位历经多年研制成功，飞行高度在近地轨道（500千米）。

（2）量子卫星发射升空后，需要和地面站连接，传输量子密钥和纠缠光子等。地面一共建设有5个台站和量子卫星对接，分别为河北兴隆站、新疆南山站、云南丽江站、青海德令哈站和西藏阿里站。5个站均位于山顶的天文台观测站园区，气候寒冷，条件艰苦。地面站由中国科学技术大学牵头，联合中国科学院光电研究所、中国科学院国家天文台等单位共同建设。

（3）5个地面站中，河北兴隆站主要负责接收来自卫星的量子密钥，云南丽江站和青海德令哈站主要负责共同接收来自卫星的纠缠光子对，新疆南山站即接收量子密钥也和德令哈站一起接收纠缠光子对。西藏阿里站主要负责向卫星发射光子实现量子隐形传态。

（4）量子卫星飞行轨道沿着与经线小夹角的方向，绕地球一圈约为90

分钟，速度极快，对于每个地面站都是凌晨过境，过境时间少于5分钟。因此地面站需要在这5分钟以内和卫星通过信标光（即划过夜空的红色激光和绿色激光）连接和跟瞄，才能收发一个个单光子，完成相应的量子通信实验。所以实验的时光转瞬即逝，分秒必夺，而且工作人员要熬夜到深夜。

（5）连接量子卫星的五个地面站和总控中心一起构成科学应用系统，来完成量子卫星的科学实验目标。演唱者彭承志研究员为科学应用系统总工程师和卫星系统副总工程师，任继刚副研究员为科学应用系统主任设计师和西藏阿里站负责人，廖胜凯副研究员为量子实验控制分系统主任设计师和德令哈站负责人，印亚云为丽江站实验人员，曹原副研究员为卫星纠缠源副主任设计师和河北兴隆站负责人，沈奇副研究员为新疆南山站负责人。

（6）歌词的作者张文卓副研究员是"墨子沙龙"特约撰稿人，笔名"九维空间"。2003年，他将周杰伦的《爱在西元前》歌词修改为量子力学内容的《爱在量子前》，在网络中广为传播。这次改写的《南山南·量子星版》歌词，则是他根据自己在卫星团队中工作的亲身感悟一气呵成。

第二篇

量子物理与量子信息

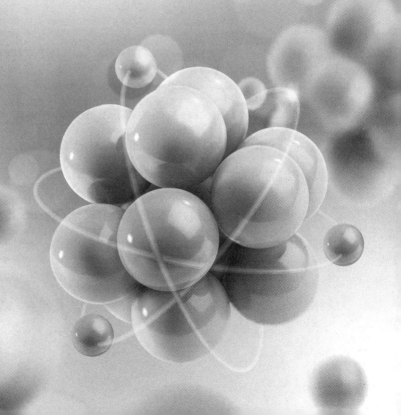

"有效近似"——物理学的几大领域

给大家介绍介绍物理学的几个领域，先来一张图，看图说话。

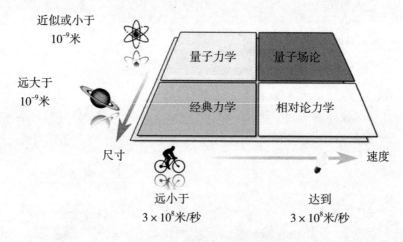

图2-1　物理学的4个领域

图 2-1 就是物理学目前的四个"基本理论"所统治的领域。所谓基本理论是指一个普遍的力学系统，即用一个数学模型描述物质、时间、空间，以及它们之间的关系。

1. 图 2-1 中左下的是"宏观低速"的区域，这个区域是经典力学的领域，即最早的牛顿力学以及其后续发展的拉格朗日力学、哈密顿力学等

这里基本的数学模型是：空间是简单的欧几里得几何里的三维空间。时间是一个和空间维完全无关的维度。物质是质点，或者是有限体积的质

点集合（刚体、流体），或者是遍布全空间无限体积的质点集合（场）。质点（们）在空间中的运动符合伽利略变换。

这个基本数学模型应用到具体的物质运动形式上就可建立声学、经典光学、电学、热学、磁学等学科。

现在专业的物理学家已经很少涉及这个领域，因为基本的规律早已建立，对这些规律的应用才是主流，所以现在这个领域是工程师们的地盘。

这个领域孕育了第一次工业革命和第二次工业革命。

这个领域的突破点是麦克斯韦的电动力学，虽然用经典力学的场论描述，但是电磁波显示了物质的波动性，后面一步步导致左上的量子力学领域出现。电磁波的速度不变原理显示了欧几里得时空和伽利略变换存在矛盾。后面导致右下的相对论力学领域出现。

2. 图2-1中右下是"宏观高速"区域，是爱因斯坦的功劳——相对论力学领域

这里基本的数学模型是：狭义相对论时空是闵可夫斯基四维时空，即一维时间和三维空间由光速不变原理相连，组成一个四维时空背景。广义相对论的时空是黎曼时空，即弯曲的四维时空。相对论力学里物质还是经典力学里的质点、体，或场，但是会对时空背景产生影响。质点（们）在四维时空中的运动符合洛仑兹变换。

这个模型揭示了时间空间不再是经典力学中和物质运动独立无关的背景，而是紧密与物质的质量、能量和运动所联系的。

这个基本数学模型应用到具体的物质运动形式上就可建立天体物理学、宇宙学等学科方向，研究宇宙大尺度物理现象如引力等，从业人数在物理学界只占一小部分。

3. 图 2-1 中左上是"微观低速"区域，以普朗克、爱因斯坦、波尔、德布罗意等人的工作为先导，以海森堡、薛定谔、狄拉克的工作为主体，这里是量子力学的地盘

这里基本的数学模型是：时空还是经典力学里欧几里得的三维空间，时间还是独立的一维坐标，物质运动还是符合伽利略变换，但物质本身却不再是质点或者质点的集合，而是分布在全空间的波函数。一切物理量的取值都要靠波函数在全空间的积分才能得到。

这个模型揭示了真实的物质不是只具备粒子性的质点，而是同时具有波动性分布在全空间的波。

这个基本数学模型应用到具体的物质运动形式上就可建立原子物理学、分子物理学、量子光学、电子学、凝聚态物理学等学科。一个共同点是该领域研究的系统是基本粒子的束缚态，束缚态本身的质心速度低，远小于光速。电子的运动形式是这些束缚态中研究最多的课题。这个领域是现在专业的物理学家人数最多的领域，仅凝聚态物理的人数就要占所有物理学家 1/3 以上，是物理学最大的分支。保守估计以量子力学为基础理论的这个区域，物理学家总人数应该超过所有物理学家总人数的一半。

该领域的特点是基础理论模型完善，方便计算。实验规模小，可在实验室桌面上进行。课题数量多且分散，作为研究物质结构的基础领域，和化学与生物学等其他学科联系紧密，因此领域进展最快，成果数量远多于物理学其他 3 个区域。

这个领域孕育了 20 世纪的现代科技革命，即信息革命。半导体元件的发明、激光器的诞生、磁存储介质、液晶，以及最热门的纳米材料、超导体等都是拜它所赐。这个领域最新的热点就是量子信息学，它将带来第二次信息革命。

4. 图 2-1 中右上为"微观高速"区域，是量子力学和狭义相对论的结合。从量子力学的几位创始人到标准模型的建立者们，诸多 20 世纪物理学家的工作完成了这个建立过程

这里基本的数学模型是：物质的基本粒子是分布在闵可夫斯基四维时空的波动场的激发态，场的基态是能量不为零的真空态。一个基本粒子的出现和消失（产生和湮灭）是它的场在该模式上的跃迁。场由量子化的拉格朗日密度描述。

这个模型揭示了真实的物质不仅是量子力学中分布在全空间的波，还和狭义相对论中和时空背景紧密相连。

该模型应用到具体的物质运动形式上就建立了量子电动力学（QED），电弱统一理论，量子色动力学（QCD）等理论，作为粒子物理（高能物理）的基础理论，同时研究基本粒子的束缚态，如重子、介子和原子核结构等。这个领域是探索物质奥秘的最前沿，基本理论内容最深奥最多，计算难度大。实验需要在粒子加速器上进行，规模庞大，课题集中，成果多是十年磨一剑，进展缓慢。

从图 1 中各个区域的基本数学模型来讲，量子场论区域是最精确的，量子力学区域是它的低速近似，相对论力学区域是它的宏观近似，经典力学是它的宏观低速近似——显然关系不大了。

量子场论虽然在这里最精确，但距我们弄清这个世界的本源还很远——也许我们根本无法弄清本源，只能不断寻找下一个精确层次，步履越来越艰难。有兴趣可以看看超弦理论，物质观和时空观又一次被颠覆，我的 ID "九维空间"也是根据这取名的。

希格斯玻色子的意义

2012 年 7 月 4 日最大的新闻是发现了希格斯玻色子，至少是 0 自旋、衰变产物等特性和希格斯玻色子一模一样的新粒子。这也是物理学在 2012 年最大的进展。判定这个粒子依据是：在质量 125 G ～ 126 G 电子伏左右出现信号，置信度达到 5 个标准误差。大于 5 个标准误差意味着可信度大于 99.99994%。

为什么希格斯玻色子如此重要？主要两个原因，第一个是它是标准模型中唯一还没有被发现的粒子，因为它的质量很大，以前加速器不足以发现它，只有欧洲核子研究组织（CERN）的大型强子对撞机（LHC）可以。第二个原因是它和电子、光子、夸克等我们耳熟能详的基本粒子不同，它是个奉献者，是其他粒子静质量的来源。

如果没有希格斯玻色子世界会变成什么样？那样的世界里，由于没有静质量（如同光子），所有的基本粒子都是以光速在运动。由于基本粒子间传递相互作用的速度就是光速，于是意味着难以存在由夸克形成的稳定原子核。而电子若静质量为零，更意味着不可能形成原子和分子。这样宇宙中变不会有出现各式各样的星球，更不会出现生命。

怎样比喻希格斯粒子给其他基本粒子提供质量的原理？希格斯粒子的发现完善了粒子物理的标准模型，标准模型的根基是量子场论，量子场论则是量子力学和狭义相对论的结合。在量子场论中，所有的粒子都是分布在全空间的场。场的最低能量状态叫"真空态"，随着能量的提高出现场的单粒子态、双粒子态、三粒子态等。而这个"真空态"并不是一无所有，因为场的最低能量并不为零。希格斯场与其他所有基本粒子的场都不同的是，它在宇宙诞生那一刻，真空态经历了瞬间的破缺，变成现在这个样子。正是这个瞬间破缺给了每一种基本粒子静质量（光子和胶子除外）。

在欧洲核子研究组织确认的希格斯玻色子，就是希格斯场经过真空对称性破缺后的产物，也可以说是希格斯场给了其他基本粒子静质量之后，剩下的那部分所对应的粒子。这部分还会跟很多粒子发生作用而产生衰变，所以能通过衰变产物来够探测到。当然它不会再给基本粒子们静质量了，因为在宇宙创生之初已经给过了。

粒子世界里，自旋为整数的粒子称为玻色子，如光子、胶子的自旋都是1。自旋为半整数的粒子称为费米子，如电子、夸克、中微子的自旋都是1/2。希格斯粒子属于玻色子，因为他的自旋是0，这也是目前知道唯一自旋是0的玻色子。

希格斯玻色子是如何被理论上预言的？主要原因来自量子场论的两个成果，物理学家一开始并没有看出这两个成果的深刻联系。借用一句评书体：花开两朵，各表一枝。第一枝是和杨振宁先生密切相关的杨－米尔斯（Yang-Mills）理论，第二枝是戈德斯通（Goldstone）定理。

杨振宁先生在物理学上最重要的贡献，并不是和李政道先生一起发现的宇称不守恒。他最重要的贡献是20世纪50年代和米尔斯（Mills）提出的杨－米尔斯场论，后来成了标准模型的核心。杨－米尔斯场论不允许有静质量的玻色子存在，而当时实验结果暗示传递弱相互作用的玻色子是有质量的，因此杨－米尔斯场论未受重视。另一方面，杰弗里·戈德斯通（Jeffrey

Goldstone）在 1962 年证明了量子场论中，一个真空态存在自发对称破缺的标量场（自旋为 0 的场），会伴随着一个质量、电荷、自旋都是零的粒子出现。自然界当然没有这种粒子，所以戈德斯通定理一开始只被看成一个数学游戏。

杨－米尔斯场论和戈德斯通定理就这样同病相怜。时间很快到了 1964 年，量子场论出现了重大突破，布罗特（Brout）、恩格勒特（Englert）和希格斯（Higgs）等人的工作让前面这两个屌丝理论一夜之间合体成了高富帅理论。他们发现这两个理论是完美的互补！杨－米尔斯场论通过某些限定条件（学名规范对称性）限制了玻色子的形式，希格斯等人证明这些玻色子和戈德斯通定理中的对称破缺后标量场相互作用，会获得静质量，同时标量场剩余的部分就对应自旋为 0 但是有静质量的粒子。有些眼熟？没错，这就是希格斯机制和希格斯玻色子！

这就是希格斯机制的意义，同时挽救了杨－米尔斯场论和戈德斯通定理，一箭双雕，一石二鸟。之后进一步研究发现电子和夸克等费米子也能通过希格斯机制获得静质量（汤川耦合）。随后温伯格、萨拉姆、格拉肖三位物理学家通过希格斯机制实现了电磁相互作用和弱相互作用的统一，并因此获得 1979 年诺贝尔物理学奖。

粒子物理学的标准模型，就是包含希格斯机制的电弱统一理论，和描述强相互作用的量子色动力学（QCD）。而希格斯机制要求希格斯玻色子的存在。一旦找不到希格斯玻色子，那么标准模型就需要修改，物理学家必须给出其他的原因来解释杨－米尔斯规范玻色子和费米子的质量来源，模型都比希格斯机制复杂。

欧洲核子研究组织公布的新粒子，通过分析数据得到的结论表明 95% 以上的可能性就是标准模型中的希格斯玻色子。作为标准模型中最后一个被实验发现的粒子，可以说它标志着标准模型的实验证据完善。但标准模型并不是物理世界的终极理论，除了中微子质量等超出标准模型的现象之外，标准模型的基础——量子场论本身就不是终极的物理理论。

在更小的时空尺度下，基本粒子们所符合的可能是含有超对称的量子场论，而标准模型只是它在稍大尺度下的近似。如果时空尺度小到普朗克尺度之下，可能是超弦理论等含有引力的更深层次理论来主导这个世界。当然寻找他们的实验证据需要更大、更贵、更耗能的加速器，也许会超过人类文明的极限。

无论如何，人类还走在这条发现宇宙最基本单元的路上，大型强子对撞机的下一个目标是验证超对称。超对称是费米子和玻色子之间的深层次的内在联系，它如果存在，基本粒子的数量会翻番，三维空间也不再会满足要求，超弦理论就是超对称和弦论的结合，它要求空间是九维甚至是十维，人类对空间的观念将会产生变革。

最后还要补充一下，用"上帝粒子"这个外号来代表希格斯玻色子并不太好。实际上诺贝尔物理学奖得主莱德曼（Lederman）在其介绍希格斯玻色子科普书中，想把让物理学家非常头疼的希格斯玻色子起个外号叫"Goddamn particle"（遭天杀的粒子）。出版商觉得不妥，遂改为"God particle"（上帝粒子）。希格斯玻色子和上帝真的没有任何关系。

附：大型强子对撞机（large hadron collider，LHC）坐落在欧洲核子研究组织，是人类历史上最大的加速器。LHC通过周长27千米的圆形隧道加速两束方向相反的高能质子束，使两束质子产生撞击，通过撞击的能量将大质量的基本粒子从真空态中产生出来，再由ATLAS与CMS两个探测器探测粒子的衰变产物。

在发现希格斯玻色子的过程中，质子束每个质子的能量大约为5TeV（500亿电子伏），因此撞击能量达到 5TeV 之多。发现希格斯玻色子之后，LHC下一个目标是继续提高质子的能量，预计最大可达到 7TeV，用以发现已知基本粒子的超对称伙伴粒子，甚至寻找暗物质和暗能量粒子。

大型强子对撞机命运多舛，2008 年建成并调试，但是由于液氦泄漏事故，直到 2009 年年底才修复好并正式投入使用。期间，一些科学家还担忧 LHC 的高能撞击会产生灾难，比如产生小黑洞吞噬地球，产生由夸克组成的比质子和中子更稳定的粒子来毁掉这个世界。当然，这些都是建立在假说基础上的杞人忧天，因为太阳和地球天天受到更高能的宇宙射线轰击，也从未出现这样的灾难。

"负温度"新闻解读

2013 年元旦刚过，艾曼纽·布洛赫（Immanuel Bloch）教授小组又出了一篇漂亮的论文，在光晶格中超冷原子的"负温度"分布。文章发表到《科学》上以后，被媒体解读得有些跑偏。因为媒体都从新闻报道解读，而写新闻的编辑一般是引导读者读原文，会写得很简明。于是一层一层传下去，不免让人以为"负温度"成了"负能量"，成了"低于绝对零度"。把一个好好的实验宣传成了违反物理定律的软科幻。

现在，我就向大家介绍一下这个"负温度"究竟是什么。负温度只是一种反常的能量分布。能量都是正的！而且要大于绝对零度时的能量。

学过热力学和统计物理的人应该记得，麦克斯韦－波尔兹曼分布是温度的函数。$E=mv^2/2$ 为这个能态的能量，N 为总粒子数。那么 $N_i / N = g_i\exp\{-E/kT\}/ \text{sum}_i\exp\{-E/kT\}$。不喜欢公式的可先无视其他，只关注这个指数函数 $\exp\{-mv^2/kT\}$，其中 k 是玻尔兹曼常数。对于理想气体（无相互作用的自由气体），一维速度分布就是一个高斯线形。好，如果引入相互作用，那么麦克斯韦－玻尔兹曼分布就会发生改变。如果改变到这种情况：$\exp\{mv^2/2kT\}$，那么就等效于 T 变成负的了，变成负温度状态。

也许有人要问，$\exp\{mv^2/2kT\}$ 不是发散的吗？没错，这就是问题的所在。如图 2-2。对于正常的温度分布，$\exp\{-mv^2/2kT\}$ 在温度下限 $T=0$ 处（即绝对零度）时取极大值，然后随着 T 增加，它的取值不断减小，最终趋于零。对于负温度分布，存在一个温度上限 V_{m}，$\exp\{mv^2/kT\}$ 这个函数会从 $V=0$ 开始逐渐增加，到 $V=V_{\mathrm{m}}$ 时达到极大值。这就形成了与 $\exp\{-mv^2/2kT\}$ 完全相反的一个分布。和原来的麦克斯韦 – 玻尔兹曼分布相比，就等效于 T 都成了负值。

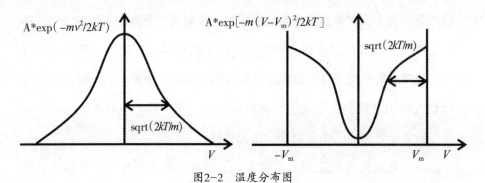

图2-2　温度分布图

因为 $E=mv^2/2$ 是正的符号不变，所有的能量都是正的。而且由于 V_{m} 处的粒子数远大于 $V=0$ 处，在负温度的情况下，系统的总能量还要比之前高。之所以这条新闻让很多人把"负温度"误解为"负能量"，原因就是很多人简单地把温度和能量等同，却忽视了温度 T 是麦克斯韦 – 玻尔兹曼分布的参数。"绝对零度"真正的意义是绝对能量的最低点。

下面简要介绍一下施耐德和布洛赫的实验，因为用到很多超冷原子和光晶格的技术，我就不给大家讲实验细节了，推荐相关领域的同学直接读他们的论文。简要地说，他们的实验就是通过变换激光的相位，把囚禁超冷原子的光势阱瞬间变成势垒，这个操作就相当于上面提到的把左图转 180°，使一个正温度分布的系统变成一个负温度分布。当然他们的实验中同时用到了费什巴赫（Feshbach）共振技术，即通过较强的外磁场把原子间的相互作用调整到相互吸引。在"正温度"情况下，一团原子气体在真空中会扩散，但是在相互吸引的情况下，一团原子气体会"逆扩散"，就是收缩到一起，就这样他们的系统在各方面表现都可以等效为"负温度"原子气体。

其实这是实验上目前为止最漂亮的一次演绎"负温度"，但不是唯一的。学过激光原理的同学们应该记得，"粒子数反转"也可以看成是"负温度"分布。

附：鉴于我的微博粉丝里面有很多学物理的孩纸，正处于读研或者大学阶段。后面我说一些和这个负温度工作有关的个人的遗憾，希望各位爱好物理的孩子们引以为戒，不要重蹈覆辙。

头几年刚拿到博士学位的时候，我申请了艾曼纽·布洛赫教授小组的博士后。布洛赫教授请我去慕尼黑访问（谁都知道这其实是一次难得的面试）。乌尔里奇·施耐德（Ulrich Schneider）当时是布洛赫的快毕业的博士生（可能年龄比我要小）。在慕尼黑1周左右的时间，我差不多参观了他们每个实验室，大概熟悉了各个研究方向，都是同领域世界最顶尖的（他们组每年有3～5篇文章发表在《自然》和《科学》杂志上，外加5篇以上的《物理评论快报》文章，在全世界物理类实验室都屈指可数）。有一天的晚上看过实验室，施耐德就把我带到他办公室跟我更详细地介绍他的工作，他电脑里那些数据把我看得云里雾里。大概聊了近两个小时。访问快结束的时候，布洛赫教授问了我的感受和计划。面对那些只听过未见过的技术，我怂了，再加上当时的遇到一些变故，于是我做出了人生最为愚蠢的一个决定。我告诉他有些超冷原子方面的实验技术自己还不具备，也许找个地方训练个两年，再申请加入他们组可能更合适。于是在虚度了一段光阴之后，

等我联系他时，世道已变，整个组人员已饱和，再加上欧洲的经济形势……他只能建议我另谋出路了。

布洛赫是亨施（2005年诺贝尔物理学奖得主）最看好的学生，因此亨施教授退休时选定了布洛赫教授作为他的接班人（同时接替了亨施在马普所和慕尼黑大学的位置）。作为量子模拟（quantum simulation）领域目前最重要的几个工作的 boss，布洛赫拿诺贝尔物理学奖估计只是时间问题。而现在布洛赫对施耐德就像当年亨施对待他一样，博士读完便委以重任，力推他成为"负温度"这篇论文的领衔者。我不敢想象自己当初如果再拼一下，不给自己留后路，再坚持一下意向，也许"负温度"这篇论文就会有我的名字，甚至是第一作者。也许现在我正起早贪黑地在那个厉害的实验室为梦想打拼，而不是在这里百无聊赖地过苦涩的日子。

希望各位学物理的孩子们珍惜每一个机会，不要像我一样贪图眼前的安逸，失去了一个为梦想拼搏的大好机会。做实验的人更要知道，我们不可能像做理论的人一样，仅凭自己的聪明才智和一台计算机就可以工作，那些设备和实验技术更能决定我们的命运，要珍惜在工业强国做物理实验的机会和日子。

全新原子钟——用质量测时间

多个世纪以来，人们通过计数高度规则的周期性运动的震荡（如太阳、钟摆或石英晶体）来测量时间。在过去的 50 年中，科学家们转向通过原子内部的电磁振荡来测量时间。原子钟定义了 SI 秒，这是时间的基本单位。2013 年初，一篇发表在《科学》杂志上的研究论文，介绍了一种全新的原子钟方案——用原子的质量来确定一个时间标准。通俗地说，就是通过原子的质量来测量时间。这一发现可能带来对时间更为精确的测量以及对千克的新的定义。

质量和时间，在经典物理学中这是两个完全不相关的物理量，曾完全处于井水与河水互不相犯的状态。经典物理学中（以你在课本上学到的牛顿力学为主），时间和空间都是孤独的背景。无论物质是质点还是刚体，或者是经典的场，都在时间和空间中运动，同时对时间和空间本身丝毫不产生影响。在经典物理学中，质量被看作是物质本身的"固有属性"，与时间空间都毫不相关。

尺变短与钟变慢

20 世纪初，相对论和量子力学逐渐取代了经典物理学的地位。现代物理学正是完全建立在量子力学和相对论基础之上。爱因斯坦在 1905 年建立的狭义相对论，第一次使人类发现了时间、空间与物质的运动之间深层次

的联系。两个相对运动的参照系，各自会测量到对方的时间和空间大小与自己的不同。通俗点说，一个 1 米长的物体摆在你面前时是 1 米，当这个物体高速从你眼前飞过时，你测量出它的长度将小于 1 米！对于时间也是一样。一个钟表摆在你面前时，你手机上的时钟走 1 秒钟这个钟表也走 1 秒钟，但是当这个钟表从你眼前高速飞过时，你手机上时钟走了 1 秒后这个钟表走的却不到 1 秒。这就是"尺变短"和"钟变慢"效应。狭义相对论揭示了我们看到的空间的大小和时间的长短受物质运动的影响！

物质与时空

20 世纪 20 年代，量子力学的建立使人类发现，不仅仅是物质的运动，而是物质本身的一切固有属性都和时间、空间紧密相关！物质不再是经典物理学中的质点或刚体，而是一种同时具有粒子性和波动性的东西。其中波动性说明任何组成物质的粒子都具有"波长""频率"这两个和时间、空间密切相关的物理量！"频率 =1/ 周期""波速 = 波长 / 周期 = 波长 × 频率"，相信这两个公式在你的物理考卷或作业中，已经或即将出现多次。

量子力学中，粒子的频率（ν）和能量（E）这两个物理量呈现简单的正比关系 $E=h\nu$。由于频率 ν 是周期 T 的倒数，能精确测量频率 ν 就代表能精确测量周期 T。那么如果以这个周期 T 为最小单元，我们就能够精确测量时间，即任何一段时间 t 都可以表示成由整数倍 T 组成。那么自然 T 越小，我们测量时间的最小单元也就越小，即 T 的大小决定了一段时间 t 的"分辨率"。同时 T 本身的精确程度也直接决定了这段时间 t 的精确程度。

原子钟之原理

由于 T 和 ν 是简单的倒数关系，越小的 T 也代表着我们需要越大的 ν。传统的原子钟就是利用微波或光学技术找到一个比较大的频率 ν 并精确测量

这个 v 的值，从而精确测量一个比较小的 T。无论是美国的 GPS 系统、欧洲的伽利略系统还是我国的北斗系统，每一颗卫星上用到的原子钟都是这种类型的微波原子钟。高的空间定位精度就靠这些原子钟高的时间精度来实现。

随着 20 世纪末离子和原子囚禁技术、激光冷却原子和离子技术的发展，在提高传统原子钟性能的同时（使 T 的不确定度达到 10^{-16} 量级），又出现了工作在可见光频率（通常是 10^{14} 量级）的原子钟。即利用原子（或离子）在两个频率差为可见光频率的能级之间的跃迁来吸收和发射可见光频率的光子，然后通过新的技术（光频梳）直接测量这些可见光光子的频率，获得更大的 v，即更小的 T（通常 10^{-15} 量级）。同时 T 的不确定度可达 10^{-18} 量级。这种原子钟已经在美国国家标准局（NIST）研制成功，有望成为新一代的世界时间基准。

质量测时间

那么，如何用原子质量来取代原子能级间的跃迁，来得到一个很大并且很精确的 v？这里需要温习下狭义相对论：狭义相对论不仅包括"尺变短"和"钟变慢"，同时还有另一个非常重要的结论，那就是著名的质能方程 $E=mc^2$，即一个原子所包含的能量 E 是它的质量 m 乘上光速 c 的平方。

量子力学告诉我们 $E=hv$，相对论又告诉我们 $E=mc^2$。那么结合两者，频率 v 自然与原子质量 m 联系到了一起，即 $v=mc^2/h$。这个频率被称为康普顿频率。同理，最小时间单元 T 就是 h/mc^2。这个 T 本身的数量级非常小。因为普朗克常数 h 是 10^{-34}（千克 × 平方米 / 秒）量级，光速 c 是 10^8（米 / 秒）量级，对于铷和铯等原子钟常用的原子来说，m 是 10^{-25}（千克）量级，所以你应该很容易估算出 T 的量级为 10^{-25}（秒），这要远远小于目前所有原子钟的最小时间单元 T（T 对应频率 v 为 10^{25} 量级，为伽马射线的频率）。

严格地说，质能方程 $E=mc^2$ 中的 m 是"动质量"。如果写成"静质量"形式，质能方程则为 $E^2=P^2c^2+m_0^2c^4$，其中 P 为粒子的动量，m_0 为粒子的静质量。在粒子的速度远小于光速的情况下，P^2c^2 项要远远小于 $m_0^2c^4$ 项，于是我们可以认为对于日常的原子来说，其质能方程中的 m 约等于其静质量。

这个原子质量对应的 T 已经远远小于它那些电子能级的跃迁频率所对应的 T，那么实验上的难点就是如何精确测量 T 的大小，即减小 T 的不确定度。本文开头提到的《科学》杂志上的实验就是一次有意义的尝试。研究人员把铯原子的玻色－爱因斯坦凝聚体（世界上最接近绝对零度的物态）一分为二，通过激光控制其中一个来测量铯原子的光子反冲频率。这等于用一个很容易高精度测量的物理量（反冲频率）来间接测量一个不容易测量的物理量（时间）。

当然这种测量方法还受到普朗克常数的精度和铯原子质量精确度的限制，想要超过目前原子钟的精确度还有很长的路要走。但毫无疑问的是，这种方法在实验上连接了时间和质量的测量。用逆向思维我们就容易想到，可以用原子钟的时间精确度来标定原子质量的精确度，进而重新给"千克"做定义。时间和质量这两个物理量之间的深层次联系让这一切变得可能。

获得国家自然科学一等奖的
"多光子纠缠和干涉度量学"是什么

2016 年 1 月 8 日，潘建伟院士、彭承志教授、陈宇翱教授、陆朝阳教授、陈增兵教授五人团队获得了 2015 年度国家自然科学一等奖，并在人民大会堂接受颁奖。5 位老师均来自中国科学技术大学，他们是该奖项历史上最年轻的获奖团队，其中潘建伟、彭承志、陈增兵三位老师为 70 后，而陈宇翱和陆朝阳两位老师为 80 后。

国家自然科学一等奖是中国自然科学领域的最高奖项，很多耳熟能详的老一辈科学家历史上都曾作为获奖人名列其中，但是因 2014 年获奖的"透明计算"存在较大争议，今年急需一个众望所归的团队来重新树立该奖项的声誉。恰好 2015 年初潘院士团队作为最大热门参加了该奖项的评选，并最终毫无悬念地得奖。

潘建伟院士的团队是世界上量子信息研究领域的领军者之一，在量子通信领域更是世界最强。与以往的历届国家自然科学一等奖获奖者相比，潘建伟团队在顶级论文数量和国际影响力上都更为出类拔萃。截至 2015 年，该团队成果 3 次入选了美国物理学会（American Physical Society）评选的"年度物理学重大事件"（The Top Physics Stories of the Year），2 次入选了英国物理学会（Institute of Physics）评选的"年度物理学重大进展"（Highlights

of the Year）。2015 年年末更是被英国物理学会的 Physics world 网站评选为 2015 年"世界物理学十大进展"（Breakthrough of the Year）第一名，这在中国物理学界是史无前例的。

这次潘建伟院士团队获奖的项目名称为"多光子纠缠和干涉度量学"，"多光子纠缠"顾名思义就是让多个光子产生纠缠。这是利用光子做量子隐形传态和量子计算的必要前提。而"干涉"就是实验上实现多光子纠缠的手段。潘建伟院士团队在量子通信和量子计算等多个方向上都取得了世界领先的科研成果，"多光子纠缠和干涉度量学"就作为其核心研究内容之一，贯穿始终。

介绍"多光子纠缠和干涉度量学"，首先需要介绍一下什么是量子纠缠。

1. 量子纠缠

量子力学中最神秘的就是叠加态，而"量子纠缠"就是多粒子的一种叠加态。以双粒子为例，一个粒子 A 可以处于某个物理量的叠加态，可以用一个量子比特来表示：

$$\Phi_A = a|0>_A + b|1>_A$$

（|> 为狄拉克符号，代表量子态。a 和 b 是任意两个复数，满足关系 $|a|2 + |b|2 = 1$，后同）同时另一个粒子 B 也可以处于叠加态，即：

$$\Phi_B = a|0>_B + b|1>_B$$

当两个粒子发生纠缠，就会形成一个双粒子的叠加态，例如：

$$\Phi_{AB} = a|0>_A|1>_B + b|1>_A|0>_B$$

就是一个纠缠态：无论两个粒子相隔多远，只要没有外界干扰，当 A 粒子处于 0 态时，B 粒子一定处于 1 态；反之，当 A 粒子处于 1 态时，B 粒子一定处于 0 态。

用薛定谔的猫做比喻（图2-3），就是 A 和 B 两只猫如果形成上面的纠缠态：

无论两只猫相距多远，即便在宇宙的两端，当 A 猫是"死"的时候，B 猫必然是"活"；当 A 猫是"活"的时候，B 猫一定是"死"（当然真实的情况是猫这种宏观物体不可能把量子纠缠维持这么长时间，几亿亿亿亿分之一秒内就会解除纠缠。但是基本粒子是可以的，比如光子）。

图2-3　用薛定谔的猫比喻纠缠态

这种跨越空间的瞬间影响双方的量子纠缠曾经被爱因斯坦称为"鬼魅的超距作用"(spooky action at a distance)，并以此来质疑量子力学的完备性，因为这个超距作用违反了他提出的定域性原理。这就是著名的"EPR 佯谬"。

但是后来一次次实验（即 Bell 不等式实验）都证实量子力学是对的，量子纠缠就是非定域的，因此爱因斯坦的定域性原理必须舍弃。2015 年的无漏洞贝尔不等式测量实验，基本宣告了定域性原理的死刑。

最新的研究表明，微观的量子纠缠和宏观的热力学第二定律，甚至是时间之箭的起源都有着密不可分的关系。

随着量子信息学的诞生，量子纠缠已经不仅仅是一个基础研究，它已经成为量子信息科技的核心。例如，利用量子纠缠可以完成量子通信中的量子隐形传态，可以完成一次性操作多个量子比特的量子计算。让更多的粒子纠缠起来是量子信息科技不断追寻的目标。

2.多光子纠缠和干涉度量学

有了量子纠缠的概念，就可以去理解"多光子纠缠干涉度量学了"。

多光子纠缠和干涉度量学就是通过干涉度量的方法实现多光子的量子纠缠。图2-4就是通过干涉形成双光子纠缠的方法：一个紫外光脉冲照射一种叫作BBO晶体，可以有一定概率产生一对光子（记作o光子和e光子）。两个光子通过在偏振分束器（PBS）上的一次干涉，就可以形成一个纠缠态|HH>+|VV>（即当o光子是H偏振时，e光子一定也是H偏振，反之当o光子是V偏振时，e光子一定也是V偏振）。

如果这种把双光子干涉产生纠缠的方法层层累加，扩展到更多的光子，就可以形成更多光子的纠缠。针对量子信息处理尤其是光量子计算的需求，纠缠的光子数自然是越多越好。但是随着

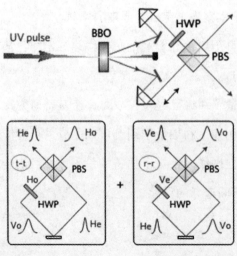

图2-4　双光子干涉和纠缠产生的光路示意图

产生纠缠的光子数越多，干涉和测量的系统也就越复杂，实验难度也就越大。

潘建伟团队从 2004 年开始，通过一个个在国际上原创的多光子干涉和测量技术，一直保持着纠缠光子数的世界纪录。2004 年在世界上第一个实现了 5 光子纠缠，2007 年在世界上第一个实现了 6 光子纠缠，2012 年在世界上第一个实现了 8 光子纠缠，并且保持该纪录至今。

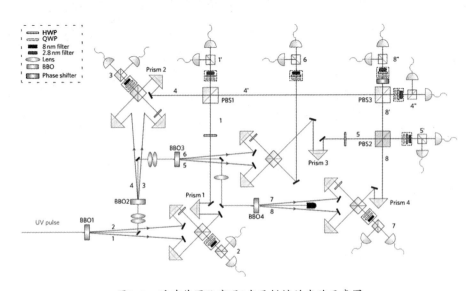

图2-5 潘建伟团队实现8光子纠缠的光路示意图

图 2-5 就是实现 8 光子纠缠世界纪录的光路图。每增加一个纠缠光子，光学干涉系统就要复杂 1 倍，纠缠产生的难度会随着光子数指数上升。因此需要不懈努力克服种种实验困难，才能够多次打破自己保持的世界纪录，在这个领域一直领先世界。我们在学生时代都视潘建伟老师为偶像，而现在的物理系有学生更直接称呼他为"潘神"了。于是这个 8 光子纠缠光路就像"潘神的迷宫"一样复杂、精巧、困难重重，但又引人入胜。

尽管"多光子纠缠和干涉度量学"获得了国家自然科学一等奖，但这仅

仅是潘建伟院士团队的一部分工作。2016年，该团队承担研制的世界首颗"量子科学实验卫星"将发射升空，将实现世界首个星地间的量子保密通信和量子隐形传态。同时该团队主导建设的世界首个量子保密通信主干网络"京沪干线"也即将建成，将推动量子保密通信进入军事、金融，互联网数据中心等各个行业之中。

在量子计算领域，该团队不久前和阿里巴巴合作成立了"中国科学院—阿里巴巴量子计算联合实验室"，在保持光量子计算世界领先地位的同时，将大大提高我国量子计算整体研究水平。我们有理由期待潘建伟院士的团队在未来会带给这个世界更多的惊喜。

浅谈量子计算

近日，中国科学院和阿里巴巴在中国科学技术大学上海研究院联合成立了"中国科学院—阿里巴巴量子计算实验室"。这是中国首次由科研单位引入民间资本来全资资助基础科学研究。

图2-6　实验室揭牌

左为中国科学技术大学校长万立骏，中为阿里巴巴首席技术官王坚，右为中国科学院院长白春礼

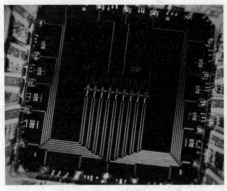 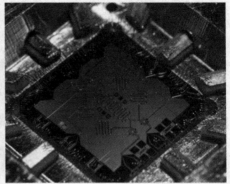

图2-7　Google资助的超导量子计算芯片

　　放眼世界，这一合作的先例来自于美国。继 IBM 和微软之后，Google 也开展了量子计算研究，并和美国国家航空航天局（NASA）联合成立了量子人工智能实验室（QuAIL）。2014 年 Google 正式雇佣加州大学圣芭芭拉分校的 John Martinis 超导量子计算实验室，开创了私人公司全资资助量子计算实验室的先河。

　　阿里巴巴作为中国市值最高的互联网公司在经典信息技术上积累雄厚，同时中国科学技术大学在量子信息学研究上领先世界。在 Google 模式的启发下，两者一拍即合，成立了该联合实验室。

　　量子计算为何有如此魅力吸引互联网巨头纷纷解囊？这要从量子物理学最基本也是最奇异的特性"叠加态"（superposition）说起。在经典物理学中，物质在确定的时刻仅有确定的一个状态。

量子力学则不同，物质会同时处于不同的量子态上。一个简单的例子就是双缝干涉，经典的粒子一次只能通过一个狭缝，但是量子力学的粒子一次可以同时通过多个狭缝，从而产生干涉。

传统的信息技术扎根于经典物理学，一个比特在特定时刻只有特定的状态，要么0，要么1，所有的计算都按照经典的物理学规律进行。量子信息扎根于量子物理学，一个量子比特（qubit）就是0和1的叠加态，可以写作：

|Φ>=a|0>+b|1>

这里用 Φ 代表0和1的叠加（长得像）。|>为狄拉克符号，代表量子态。a 和 b 是两个复数，满足关系 |a|2+|b|2=1。于是一个量子比特可以用一个 Bloch 球来表示。相比于一个经典比特只有0

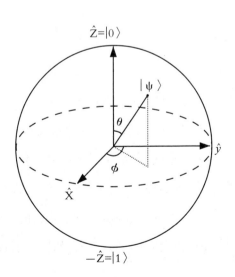

图2-8 表示量子比特的 Bloch球，球面代表了一个量子比特所有可能的取值

和 1 两个值，一个量子比特的值有无限个，分布在整个 Bloch 球面上。

因为处于叠加态，一个量子比特即同时代表 |0> 和 |1>（只要取值不恰好是 |0> 或者 |1>），对这个量子比特做一次操作即同时对 |0> 和 |1> 都做了操作。扩展下去，比如一个 10 比特的数，经典计算一次运算只能处理一个数（如 0001001000，0100001000，1001101101，…）。量子计算可处理一个 10 量子比特的叠加态：|ΦΦΦΦΦΦΦΦΦΦ>。这就即意味着量子计算一次运算就可以处理 2^{10}=1024 个数（从 0 到 1023 同时处理一遍）。

以此类推，量子计算的速度与量子比特数是 2 的指数增长关系。一个 64 位的量子计算机一次运算就可以同时处理 2^{64}=18446744073709551616 个数。如果单次运算速度达到目前民用电脑 CPU 的级别（1GHz），那么这个 64 位量子计算机的数据处理速度将是世界上最快的"天河二号"超级计算机（每秒 33.86 千万亿次）的 545 万亿倍！

量子力学叠加态赋予了量子计算机真正意义上的"并行计算"，而不是像经典计算机一样只是并列更多的 CPU 来并行。因此，在大数据处理技术需求强烈的今天，量子计算机越来越获得互联网巨头们的重视。

Shor 算法——RSA 加密技术的终结者

1985 年，牛津大学的物理学家大卫·多伊奇（David Deutsch）提出了量子图灵机的概念，随后贝尔实验室的彼得·舒尔（Peter Shor）于 1995 年提出了量子计算的第一个解决具体问题的思路，即 Shor 因子分解算法。

我们今天在互联网上输入的各种密码，都会用到 RSA 算法加密。即用一个很大的数的两个质数因子生成密钥，给密码加密，从而安全地传输密码。由于该数很大，用目前经典计算机的速度算出他的质数因子几乎是不可能的任务。

但有了量子计算机就是另外一种情况。通过利用量子计算的并行性，

Shor 算法可在很短的时间内通过遍历来获得质数因子，从而破解掉密钥，使 RSA 加密技术不堪一击。

量子计算机会终结任何靠计算复杂度加密的加密技术，但这不意味着从此我们会失去信息安全的保护。量子计算的孪生兄弟——量子通信，会从根本上解决信息传输的安全隐患。

Grover 算法——未来的搜索引擎

Shor 算法提出一年后的 1996 年，同在贝尔实验室的洛弗·格鲁弗（Lov Grover）提出了 Grover 算法，即通过量子计算的并行能力，同时给整个数据库做变换，用最快的步骤显示出需要的数据。

量子计算的 Grover 搜索算法远远超出了经典计算机的数据搜索速度，这也是互联网巨头们对量子计算最大的关注点之一。量子信息时代的搜索引擎将植根于 Grover 算法，让我们更快捷地获取信息。

退相干——量子计算机最大的障碍

量子计算各种算法的理论已经成熟多年，但是制造世界上第一台量子计算机还是遥遥无期。因为在物理实现上，量子计算机需要大量的量子比特关联起来，进行量子逻辑门操作，这就不得不面对"退相干"的难题。

退相干现象来自外界环境对量子态的扰动，使量子态逐渐演化到经典的状态，从而失去量子叠加特性。越大的系统各种内部和外部的相互作用越多，也就越难维持量子态，退相干发生得也就越快。这就是为什么能观察粒子的叠加态，却观察不到薛定谔猫的叠加态，因为猫这么大的系统会以极快的速度发生退相干，只留下经典的死或活状态。退相干在量子和经典世界间建立了一条鸿沟。

量子逻辑门的各种物理实现方案中，有的可维持较长的退相干时间，

却无法做到很多的量子比特关联（如离子阱、核磁共振），有的可以做到很多的量子比特关联，但退相干时间过短（如超导电路，量子点）。相比之下，后者看似更有希望通过延长退相干时间取得突破，成为可实际应用的量子计算机。

量子计算机与人工智能

英国物理学家罗杰·彭罗斯（Roger Penrose）把依靠经典计算机的人工智能称为"皇帝新脑"（即像皇帝的新衣一样）。他认为人脑不会像经典计算机那样以确定的方式处理信息，但量子测量会赋予人脑随机性，同时量子叠加态还会赋予人脑全局观（即一个一个像素处理的经典计算做不到全局观），因此彭罗斯认为人脑是一台量子计算机，并且和神经学家哈默罗夫（Hameroff）给出了模型。

彭罗斯的假说很吸引人，但是麻省理工学院的物理学家马克斯·泰格马克（Max Tegmark）计算出室温下彭罗斯模型的退相干时间只有 10^{-15} 秒量级，远不够进行量子计算。争论仍在持续，这个假说的证据也远远不足。我当然非常希望量子计算机的研究能在某个量子和经典的交汇点上给出答案，解答人类意识和智慧的起源。那样量子计算机就会成为实现真正的人工智能的关键。

结语

基于以上原因，量子计算机一旦实现，会成为人类历史上最伟大的科学技术成就之一。量子计算机的研究任重道远，目前仍然处于烧钱研发阶段。很多人不理解巨额投入的价值，但回想一下，我们现在手中用到的便利廉价的信息技术，都源自于 20 世纪五六十年代以贝尔实验室为首的科研机构长期烧钱的结果。未来我们的子孙很可能用着量子手机和智能机器人，在量子互联网上感谢着我们这个时代互联网巨头们的投入。

真假美猴王——量子力学的一致历史

（退相干历史）诠释

《西游记》中的孙悟空神通广大，能七十二变、上天入地。在猴年春节俨然成为人见人爱的"猴图腾"，为新春佳节增色不少。

且慢，《西游记》中可是提过四大神猴，除了灵明石猴孙悟空以外，赤尻马猴成了大禹治水时抓的大反派，通臂猿猴成了封神演义里梅山七怪之首，而最后一个六耳猕猴居然能假扮孙悟空，令众神无法察觉。

如果我们大胆地想象孙悟空有操控自身量子态的本事，他与六耳猕猴原本是一体，二者在某个时间点由美猴王分身而成，那么《西游记》中"真假美猴王"的故事就很像一个"双缝实验"了。"美猴王"通过"孙悟空"和"六耳猕猴"两个狭缝，发生干涉，形成了叠加态：

| 美猴王 >=a| 孙悟空 >+b| 六耳猕猴 >

真假美猴王的故事就如同这个叠加态，孙悟空和六耳猕猴两个"基矢"相干在一起。而最后孙悟空一棒打死六耳猕猴，就如同对这个叠加态做了测量，测量结果为孙悟空，宣告了这个故事的结束。

但是测量的结果也可能是六耳猕猴一棒子打死了孙悟空（如果如来设了局），测量结果成了六耳猕猴，继续以"孙悟空"的身份西天取经修成正果，无人察觉。这个结局"细思恐极"，但究竟会不会发生？让我们来

看量子力学不同诠释给出的结果。

哥本哈根诠释的困境

现在量子力学中通常所说的哥本哈根诠释并不是玻尔和海森堡他们最早的版本，而是经过了冯·诺依曼后期的增补。在该诠释中，如果没有测量，系统的叠加态就按照薛定谔方程确定性地演化。有了测量，系统的叠加态就不再按照薛定谔方程演化，而是会瞬间发生坍缩（collapse），直接落在一个"基矢"上。

在真假美猴王的例子中，孙悟空这一棒子产生了测量，使"美猴王"这个叠加态坍缩到了"孙悟空"这个基矢上。而坍缩过后，"六耳猕猴"这个基矢彻底消失。

当然，如果是六耳猕猴一棒子打死孙悟空，结果会反过来。但同样是只存在一个结果，其他结果不复存在。

哥本哈根诠释将"测量"放在了最核心的位置，从叠加态到基矢一步到位，即测量使一个确定的量子态不耗费时间地跳到一个经典的随机结果上。由于该诠释过于依赖"测量"这惊鸿一瞥，使得它不可避免地和观测者的行为产生了联系。维格纳甚至在冯·诺依曼的基础上认为人类的意识是引起波函数坍缩的原因。

尽管哥本哈根诠释作为量子力学的正统诠释，可以解释各种实验现象，但本身并不令人满意。薛定谔的猫在盒子被打开之前处于死和活的叠加态？月亮没有人看的时候是否还在那里？简单粗暴的哥本哈根诠释没有对这些夸张的例子做出很好的解释。

一致历史诠释

一致历史诠释（consistent histories），或者称作退相干历史（decoherent

histories），在 20 世纪 80 年代由格里菲斯（Robert Griffiths）和欧内斯（Roland Omnes），以及随后的盖尔曼（Murray Gell-Mann）和哈特（James Hartle）等物理学家提出。顾名思义，该诠释以 20 世纪 70 年代大力发展的退相干理论为核心。提出者们认为该诠释是利用退相干过程对哥本哈根诠释的一次升级，是哥本哈根诠释的完美继任者和发展者。

退相干是量子叠加态与环境相互作用时产生的逐渐丧失量子相干特性的过程，表现为波动性（即相位因子）的丧失。退相干的结果会使一个量子叠加态变成经典的概率组合（用数学语言描述就是密度矩阵的非对角元消失，只留对角元）。退相干是一个完全客观的物理过程，已经在实验上多次被证明。

当系统变成了经典的概率组合，测量的地位也就降低了一些，它仅成为从经典概率中选一个结果的过程。量子态也不需要"坍缩"，而由退相干和纯经典概率的测量来取代。

依然用真假美猴王的故事来说明，从美猴王分裂成孙悟空和六耳猕猴那一刻开始，孙悟空和六耳猕猴两者不同的"猴生"轨迹（与环境相互作用）导致他们之间发生了退相干，即相互之间的历史完全独立。在真假美猴王的阶段，二者是完全独立的两个个体，最后谁生谁死都变成了直观的经典概率。孙悟空一棒子打死六耳猕猴（测量）也就不存在任何"坍缩"的行为。

那么，六耳猕猴一棒子打死悟空的历史呢？抱歉这个没有发生在我们的历史里，完全与我们的历史无关，不需要去关心。这就是一致历史诠释对其他结果的态度。

一致历史，或者说是退相干本身对薛定谔的猫的解释看上去也比哥本哈根解释要合理。粒子打到探测器上开始就早早发生了退相干，使得探测

器从控制是否打破毒药瓶，到猫的生死变成了两条独立的历史，打开盒子发现猫的生或死都成了经典的概率事件。同理，退相干令月亮这么大的物体在极短时间内就变成了经典的状态，无论是否有人看，它都在那里。

与多世界诠释的关系

1957 年艾弗瑞特（Hugh Everett）最早提出多世界诠释的版本，还没有引入退相干这个后来才出现的概念。用真假美猴王的故事来说明，孙悟空生六耳猕猴死和孙悟空死六耳猕猴生两个历史都真实存在，并不是互相独立，而是组成一个总的叠加态（即纠缠态）。推而广之，整个宇宙就是一个大的叠加态，而我们经历的历史只是其中的一小部分，并且无法感知到其他部分。

哥本哈根诠释和多世界诠释虽然能导致同样的实验结果，但两者逻辑上无法相容。一致历史诠释作为哥本哈根诠释的升级版，引入了退相干，是否能变得和多世界诠释相容？目前还无定论。祖瑞克（Wojciech H. Zurek）等人将退相干引入，发展了新版本的多世界诠释。该诠释代表着退相干之后的"经典历史"并不能完全独立，而是需要成为整个多世界叠加态的部分。或者说，想把多世界和一致历史结合在一起，就要放弃一致历史诠释对其他"经典概率"事件的解释，仅能保留退相干。而多世界就需要构建更大的一个纠缠态把一致历史包进去，使得每一个纠缠态基矢的一小部分看上去都像互不相关的经典概率事件。

纠缠历史的理论和实验

试想如果孙悟空和六耳猕猴在"真假美猴王"的故事中并没有完全发生退相干，通过互相影响还保持着相互纠缠的分身状态，那我们就不能把两个猴子各自的历史独立来看。这是一致历史诠释的另一个特点：允许没有完全退相干的历史存在。因此一致历史诠释认为，我们宏观世界是"粗粒化"的历史，即都是完全退相干的历史。而在微观世界，很多历史并没有完全发生退相干，可以互相叠加在一起，我们称之为"精粒化"历史。世界从微观到宏观越来越粗粒化，也就是越来越完全地退相干。

诺贝尔奖得主威尔兹克（Frank Wilczek）和同事们做了进一步推广，提出了纠缠历史（entangled histories）理论，即在一致历史诠释的基础上，让不同的历史之间没有完全退相干，而是形成纠缠态。最近，威尔兹克、密歇根大学的段路明和清华大学的尹璋琦等人提出了一个验证纠缠历史的不等式（相当于纠缠历史版本的贝尔不等式），并且利用单光子的偏振给出了实验验证。实验结果很明确地违反了该不等式，即测量结果都大于1/16这个经典极限，并且接近1这个完全纠缠历史的极限。这就代表纠缠历史真实地发生了。这项工作无疑是对一致历史诠释的一个有力支持。

我们有理由相信此类工作会逐渐增多，使得基于退相干的一致历史诠释逐渐取代哥本哈根诠释，成为量子力学的主流解释，而且期待有朝一日一致历史诠释能和基于退相干的多世界诠释变得相容，甚至统一。

划时代的量子通信——写给"墨子号"

量子信息是以量子物理学为基础的新一代信息科学技术。主要包含两个方面，一个是信息的传输，即量子通信。另一个是信息的处理，即量子计算。

20世纪初，普朗克、爱因斯坦、玻尔开创了量子物理学研究。随后，海森堡、薛定谔、狄拉克等物理学家建立了量子力学。从此，量子物理学沿着两条路深刻地推动着人类文明发展。一条路是"自上而下"的，即不断深入微观世界探索基本粒子。我们经常听到的"高能物理（即粒子物理）""大统一理论""大型强子对撞机"等就是来自这个领域。

另一条路就是"自下而上"的，就是认识身边的各种物质背后的量子力学规律，并在此基础上发展各种高新技术来改变世界。我们经常听到的"凝聚态物理""半导体""激光""超导体""纳米材料"等。这条路曾经通过半导体技术催生了第一次信息革命，使我们今天能便捷地使用各种计算机，智能手机，和互联网。但是这次信息革命是属于"经典信息"的革命。虽然我们必须用量子力学才能理解半导体和激光的本质与工作原理，我们所处理的还是经典的二进制信息（即0和1，叫作经典比特）。信息传输和计算都基于经典物理学。

随着量子信息科学技术的诞生，这一条路逐渐发展到了一个全新的阶段，催生着第二次信息革命的出现，即属于"量子信息"的革命。信息传输和计算都将直接基于量子物理学，处理量子比特。量子通信作为排头兵，走在了这次信息革命的最前面，成为它的第一个突破点。

量子通信按照应用场景和所传输的比特类型可分为"量子密码"和"量子态传输"两个方向。其中"量子密码"使用量子态不可克隆的特性来产生二进制密码，为经典比特建立牢不可破的量子保密通信。目前量子保密通信已经步入产业化阶段，开始保护我们的信息安全；"量子态隐形传态"是利用量子纠缠来直接传输量子比特，将应用于未来量子计算之间的直接通信。

一、量子密码

目前实用化的量子密码是由查理斯·本内特（Charles Bennett）和吉勒·布拉萨（Gilles Brassard）在 1984 年提出的 BB84 协议。该协议把密码以密钥的形式分配给信息的收发双方，因此也称为"量子密钥分发"。该协议利用光子的偏振态来传输信息。因为光子有两个偏振方向，而且相互垂直，所以信息的发送者和接收者都可以简单地选取 90° 的测量方式，即"＋"，或 45° 的测量方式，即"×"，来测量光子。在 90° 的测量方式中，偏振方向"↑"代表 0，偏振方向"→"代表 1；在 45° 的测量方式中，偏振方向"↗"代表 0，偏振方向"↘"代表 1。

这样选择测量方式的好处就是，如果选择"＋"来测量偏振态"↗"或"↘"时，会得到 50% 的概率为"→"，50% 的概率为"↑"。同理，如果选择"×"来测量"→"或"↑"时，会得到 50% 的概率为"↗"，50% 的概率为"↘"。

为了生成一组二进制密码，发送者首先随机生成一组二进制比特，我们称之为"发送者的密码比特"。同时发送者对每个"发送者的密码比特"

都随机选取一个测量模式（"+"或者"×"），然后把在这个测量模式下，每个"发送者的密码比特"对应的偏振状态的光子发送给接受者。比如传输一个比特 0，选择的测量模式为+，则发送者需要发出一个偏振态为↑的光子。

接收者这边也对接收到的每个比特随机选择"+"或者"×"来测量，会测量出一组 0 和 1。当接收者获得全部测量结果后，他要和发送者之间要通过经典信道（如电话、短信、QQ 等）建立联系，互相分享各自用过的测量方式。这时他们只保留相同的测量方式（"+"或者"×"），舍弃不同的测量方式。于是保留下来的测量方式所对应的二进制比特，就是他们最终生成的密码，见表 2-1 和图 2-9。

表2-1　BB84通信协议

发送的密码比特	0	1	0	0	1	1	0	1
发送者选择的测量方式	+	+	×	×	+	+	×	×
发送的光子偏振	↑	→	↗	↗	→	→	↗	↘
接收者选择的测量方式	×	+	×	+	×	+	+	×
接收到的光子偏振	↗或↘	→	↗	↑或→	↗或↘	→	↑或→	↘
最终生成的量子密码		1	0			1		1

通过表1我们可以看出，只有当发送方和接收方所选择的测量方式相同的时候，传输比特才能被保留下来用做密码。如果存在信息截获者，他也同样要随机地选取"＋"或者"×"来测量发送者发送发送的比特。例如发送者选取测量基"＋"，然后发送"→"来代表1。如果截获者选取的也为"＋"，他的截获就不会被察觉。但因为截获者是随机选取测量方式，他也有50%的概率选择"×"，于是量子力学的测量概率特性使光子的偏振就变为了50%的概率"↗"和50%的概率"↘"。

在上面的这种情况下，作为接收方如果选取了和发送方同样的基矢"＋"，则会把这个比特当作密码。但是这里接收方测量的是经过截获的光子，即光子的偏振因为量子测量已经坍缩成了50%的概率"↗"和50%的概率"↘"，接收方测量最终结果无论如何都会变为50%的概率"↑"和50%的概率"→"。于是测量这个光子偏振的时候，发送方和接收方结果不同的概率为50%×50%=25%。

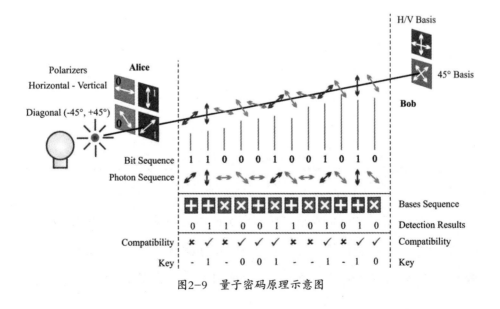

图2-9　量子密码原理示意图

因此，想知道是否存在截获者，发送方和接收方只需要拿出一小部分密码来对照。如果发现互相有 25% 的不同，那么就可以断定信息被截获了。同理，如果信息未被截获，那么二者密码的相同率是 100%。于是 BB84 协议可以有效发现窃听，从而关闭通信，或重新分配密码，直到没人窃听为止。

BB84 量子密码分配协议使得通讯双方可以生成一串绝对保密的量子密码，用该密码给任何二进制信息加密（比如做最简单的二进制"异或"操作，见表 2-2）都会使加密后的二进制信息无法被解密，因此从根本上保证了传输信息过程的安全性。在这个协议基础上，世界各国都开展了传输用量子密码加密过的二进制信息的网络建设，即量子保密通信网。中国在这方面走在了世界最前面。

表2-2　利用量子密码给需要传输的原始信息做"异或"加密

原始信息	量子密码	加密信息
0	0	0
0	1	1
1	0	1
1	1	0

中国科学技术大学潘建伟团队在合肥市实现了国际上首个所有节点都互通的量子保密通信网络，后又利用该成果为 60 周年国庆阅兵关键节点间构建了"量子通信热线"，之后研发的新型量子通信装备在北京投入常态

运行，为"十八大"等国家重要政治活动提供信息安全保障。科大国盾量子通信技术有限公司利用所转化的成果建成了覆盖合肥城区的世界上首个规模化量子通信网络，建成了覆盖合肥城区的世界上首个规模化量子保密通信网络，标志着大容量的城域量子通信网络技术开始成熟。

2013 年国家批准立项量子保密通信"京沪干线"，由中国科学技术大学承建，于 2016 年年底建成，2017 年 9 月 29 日正式开通。该干线连接北京上海，全长 2000 余千米，是世界首条量子保密通信主干网，将大幅提高我国军事、政务和金融系统的安全性。

知识点 1：量子比特

传统的信息技术扎根于经典物理学，一个比特在特定时刻只有特定的状态，要么 0，要么 1，所有的计算都按照经典的物理学规律进行。量子信息扎根量子物理学，一个量子比特（qubit）就是 0 和 1 的叠加态。相比于一个经典比特只有 0 和 1 两个值，一个量子比特的值有无限个。直观来看就是把 0 和 1 当成两个向量，一个量子比特可以是 0 和 1 这两个向量的所有可能的组合，见图 2-10。

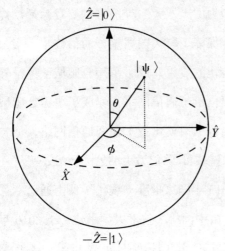

图2-10　表示量子比特的Bloch球，球面代表了一个量子比特所有可能的取值

但是需要指出的是，一个量子比特只含有零个经典比特的信息。因为一个经典比特是0或1，即两个向量。而一个量子比特只是一个向量（0和1的向量合成），就好比一个经典比特只能取0，或者只能取1，信息量是零个比特。

知识点2：量子不可克隆定理

任何的复制（即克隆）一个粒子的状态前，首先都要测量这个状态。但是量子态不同于经典状态，它非常脆弱，任何测量都会改变量子态本身（即令量子态坍缩），因此量子态无法被任意克隆。这就是量子不可克隆定理，已经经过了数学上严格的证明。

窃听者在窃听经典信息的时候，等于复制了这份经典信息，使信息的原本接收者和窃听者各获得一份。但是在量子态传输时，因为无法克隆任意量子态，所以在窃听者窃听拦截量子通信的时候，就会销毁他所截获到的这个量子态。

在量子密码里（如 BB84 协议），正是由于量子不可克隆定理，光子被截获时经过了测量，偏振状态就发生了改变。接收方就会察觉密码的错误，停止密码通信。这也就确保了通信时量子密码的安全性，也就保证了加密信息的安全性。

在传输量子比特时，由于量子不可克隆定理，销毁量子态就是销毁了它所携带的量子比特，于是无论是接收者还是窃听者都无法再获得这个信息。通信双方会轻易察觉信息的丢失，因此量子比特本身具有绝对保密性。量子不可克隆定理使得我们直接传输量子比特的时候，不用再建立量子密码。而是直接依靠量子比特本身的安全性就可以做到信息不被窃取。

二、量子纠缠态

我们可以用量子密码给经典二进制信息加密。但是当我们需要传输量子比特时，就无法再使用量子密码了，而需要使用"量子隐形传态"。理解量子隐形传态，首先要理解量子纠缠。

量子力学中最神秘的就是叠加态，而"量子纠缠"正是多粒子的一种叠加态。以双粒子为例，一个粒子 A 可以处于某个物理量的叠加态，可以用一个量子比特来表示，同时另一个粒子 B 也可以处于叠加态。当两个粒子发生纠缠，就会形成一个双粒子的叠加态，即纠缠态。例如，有一种纠缠态就是无论两个粒子相隔多远，只要没有外界干扰，当 A 粒子处于 0 态时，

B 粒子一定处于 1 态；反之，当 A 粒子处于 1 态时，B 粒子一定处于 0 态。

用薛定谔的猫做比喻，就是 A 和 B 两只猫如果形成上面的纠缠态，如图 2-11。

图2-11　用薛定谔的猫比喻量子纠缠

无论两只猫相距多远，即便在宇宙的两端，当 A 猫是"死"的时候，B 猫必然是"活"；当 A 猫是"活"的时候，B 猫一定是"死"（当然真实的情况是猫这种宏观物体不可能把量子纠缠维持这么长时间，几亿亿亿亿分之一秒内就会解除纠缠。但是基本粒子是可以的，比如光子）。

这种跨越空间的瞬间影响双方的量子纠缠曾经被爱因斯坦称为"鬼魅的超距作用"（spooky action at a distance），并以此来质疑量子力学的完备性，因为这个超距作用违反了他提出的"定域性"原理，即任何空间上相互影响的速度都不能超过光速。这就是著名的"EPR 佯谬"。

后来物理学家玻姆在爱因斯坦的定域性原理基础上，提出了"隐变量理论"来解释这种超距相互作用。不久物理学家贝尔提出了一个不等式，可以来判定量子力学和隐变量理论谁正确。如果实验结果符合贝尔不等式，则隐变量理论胜出。如果实验结果违反了贝尔不等式，则量子力学胜出。

表2-3　贝尔不等式的意义

实验结果	量子力学	隐变量理论
符合贝尔不等式	×	√
违反贝尔不等式	√	×

但是后来一次次实验结果都违反了贝尔不等式，即都证实了量子力学是对的，量子纠缠是非定域的，而隐变量理论是错的，爱因斯坦的定域性原理必须被舍弃。2015年荷兰物理学家做的最新的无漏洞贝尔不等式测量实验，基本宣告了定域性原理的死刑。

一些新的理论研究指出，微观上的量子纠缠与宏观的热力学第二定律，即熵增定律有着密不可分的关系。微观系统产生的纠缠具有不可逆性，会导致信息的增加（例如一个量子比特所含的信息是零个比特，但是两个量子比特纠缠在一起，就会产生两个比特的冗余信息）。根据香农提出的信息论，系统熵正比于冗余的信息（即无用的信息），因此宏观系统熵的增加的根源很可能就来自微观的量子纠缠。

随着量子信息学的诞生，量子纠缠已经不仅仅是一个基础研究，它已经成为量子信息科技的核心。例如，利用量子纠缠可以完成量子通信中的量子隐形传态，可以完成一次性操作多个量子比特的量子计算。让更多的粒子纠缠起来是量子信息科技不断追寻的目标。

三、量子隐形传态

了解了量子纠缠，我们就可以理解量子隐形传态了。

由于量子纠缠是非局域的，即两个纠缠的粒子无论相距多远，测量其中一个的状态必然能同时获得到另一个粒子的状态，这个"信息"的获取是不受光速限制的。于是物理学家自然想到了是否能把这种跨越空间的纠缠态用来进行信息传输？因此，基于量子纠缠态的量子通信便应运而生。这种利用量子纠缠态的量子通信就是"量子隐形传态"（quantum teleportation）。

虽然借用了科幻小说中隐形传态（teleportation）这个词，但量子隐形传态实际上和科幻中的隐形传态关系并不大。它是通过跨越空间的量子纠缠来实现对量子比特的传输。

量子隐形传态的过程（即传输协议）一般分如下几步：

（1）如图2-12，制备一个纠缠粒子对。将粒子1发射到 A 点，粒子2发送至 B 点。

（2）在 A 点，另一个粒子3携带一个想要传输的量子比特Q。于是 A 点的粒子1和 B 点的粒子2对与粒子3一起会形成一个总的态。在 A 点同时测量粒子1和粒子3，得到一个测量结果。这个测量会使粒子1和粒子2的纠缠态坍缩掉，但同时粒子1和和粒子3却纠缠到了一起。

（3）A 点的一方利用经典信道（就是经典通

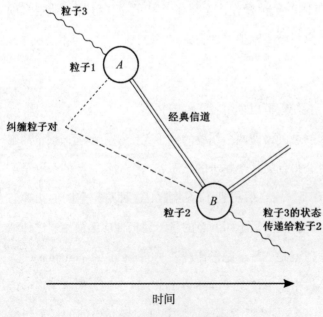

图2-12 量子隐形传态图示

信方式，如电话或短信等）把自己的测量结果告诉 B 点一方。

（4）B 点的一方收到 A 点的测量结果后，就知道了 B 点的粒子 2 处于哪个态。只要对粒子 2 稍做一个简单的操作，它就会变成粒子 3 在测量前的状态。也就是粒子 3 携带的量子比特无损地从 A 点传输到了 B 点，而粒子 3 本身只留在 A 点，并没有到 B 点。

以上就是通过量子纠缠实现量子隐形传态的方法，即通过量子纠缠把一个量子比特无损地从一个地点传到另一个地点。这也是即量子通信目前最主要的方式。需要注意的是，由于步骤 3 是经典信息传输而且不可忽略，因此它限制了整个量子隐形传态的速度，使得量子隐形传态的信息传输速度无法超过光速。

因为量子计算需要直接处理量子比特，于是"量子隐形传态"这种直接传的量子比特传输将成为未来量子计算之间的量子通信方式，未来量子隐形传态和量子计算机终端可以构成纯粹的量子信息传输和处理系统，即量子互联网。这也将是未来量子信息时代最显著的标志。

四、量子科学实验卫星

2016 年暑期，中国发射了世界第一颗量子科学实验卫星"墨子号"，用于探索量子通信卫星的可行性。该卫星由中国科学技术大学和中科院上海技术物理研究所共同研制，经过前期准备，于 2012 年正式立项，并历时多年研制成功。

如图 2-13，"墨子号"卫星将配合多个地面站实施星地量子保密通信实验，同时也要进行地星量子隐形传态等实验。其中还将尝试从北京到维也纳的洲际量子密钥分发。

基于卫星等航天器的空间量子通信，有着地面光纤量子通信网络无法

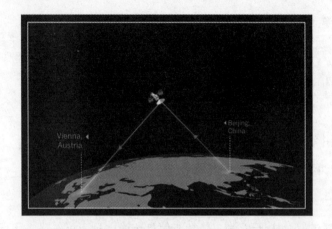

图2-13 "墨子号"配合地面站实验

比拟的优势。第一个原因是在同样距离下，光子在光纤中的损耗远高于自由空间的损耗。因为光子在自由空间的损耗主要来自光斑的发散，大气对光子的吸收和散射远小于光纤。第二个原因是受到地面条件的限制，很多地方无法铺设量子通信的专用光纤。因此想建设覆盖全球的量子通信网络，必需依赖多颗量子通信卫星。

因此"墨子号"量子科学实验卫星将开创人类量子通信卫星的先河，在实现一系列量子通信科学实验目标的同时，尝试与地面光纤量子通信网络链接，为未来覆盖全球的天地一体化量子通信网络建立技术基础。

天机不可泄露——空地量子密钥分配

密钥的作用是用来对传输的信息进行加密，防止他人获取信息内容。通过密钥给信息加密，自人类使用语言以来，密钥技术就伴随着人类对通信保密程度的需求而不断发展。

在古埃及和古希腊时期，人们通过改变字母的顺序来对明文进行加密，随后又发明了字母替换的加密方法，这种方法从古罗马一直延续到中世纪和文艺复兴时期。

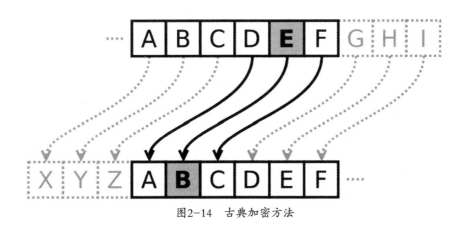

图2-14 古典加密方法

中国古代也有信息加密方法，例如姜太公发明的"阴符"和"阳符"就是用敌方看不懂的暗语来传递我方军事信息。

随着科技革命的出现，古老的加密方式进入了全新的阶段。莫尔斯电码的发明，使得人们可以将每个字母都编码在"嘀"和"嗒"的不同组合上面，通过电报或电波发送信息。

但直到这个时期，人类采用的加密方式都是固定的，密钥都是事先约定好的，只要敌方拿到"密钥本"就能轻易破解。

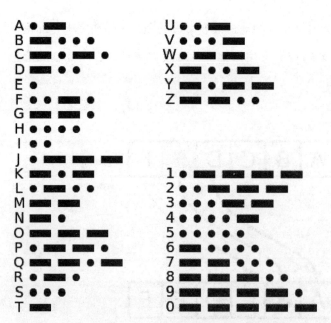

图2-15　莫尔斯电码

伴随着科技革命的进一步发展，自动生成密钥的机器得以出现。这其中以德国发明的 Enigma（恩尼格玛）机最为著名。这种机器通过几个旋钮位置可以自动设置密钥，加密后的情报需要同样的 Enigma 机同样的旋钮位置才能解密出原文。即密钥被隐藏在了机器里面。

由于 Enigma 机难以破解，它对德国在第二次世界大战初期的一系列军事胜利都起到了至关重要的作用。盟军能否破解 Enigma 机将直接决定战争走向。英国数学家、计算机之父阿兰·图灵对破解 Enigma 机做出了至关重要的贡献，他通过机

图2-16　Enigma机

图2-17　图灵和他的破解机

器对机器的方式，大幅提高了破解效率，不但为盟军赢得了第二次世界大战，而且也启发他发明了现代计算机。

到了信息时代，密钥的形式从字母变为了二进制。随着互联网的大范围普及，人类之间的信息传递到达了前所未有的数量和频率，各种隐私信息越来越多地暴露在互联网上，因此人类对保密通信的需求也到了前所未有的高度。

今天，保护我们互联网信息安全的加密方式被称为"公开密钥"方式，通过加密算法，生成网络上传播的公开密钥，以及留在计算机内部的私人密钥，两个密钥必需配合使用才能实现完整的加密和解密过程。目前，我们互联网使用加密标准是20世纪70年代诞生的RSA算法，即利用大数的质因子分解难以计算来保证密钥的安全性。

但是随着计算能力的不断提升，RSA的安全性受到了挑战。"山重水复疑无路，柳暗花明又一村"。1984年，物理学家本内特（Bennett）和密码学家布拉萨德（Brassard）提出了基于量子力学测量原理的"量子密钥分配"BB84协议，从根本上保证了密钥的安全性。

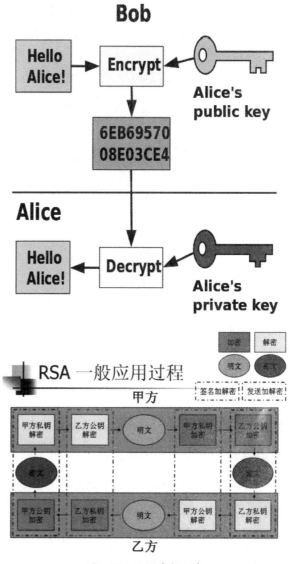

图2-18 公开密钥加密

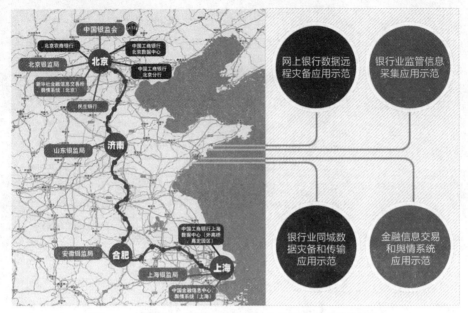

图2-19　世界第一条量子保密通信主干线路"京沪干线"

随后，经过多年的实验和技术改进，以"量子密钥分配"为核心的量子保密通信技术已经逐渐完成了实用化，并形成了一定的产业规模。在地面光纤网络建设上，世界第一条量子保密通信主干线路"京沪干线"已经建成，将大幅提高我国在军事国防、金融系统的信息安全。

为了进行更远距离的量子保密通信，我们除了继续建设地面光纤网络以外，还需要借助天上的多个飞行器实现更远距离，覆盖光纤无法到达区域的量子密钥分配。天宫二号上的载荷"量子密钥分配专项"就是以实现空地间实用化的量子密钥分配为目标，通过天上发射一个个单光子并地面接收，生成"天机不可泄露"的量子密钥。

天宫二号的轨道飞行高度大约为 400 多千米，飞行速度约每秒钟 8 千米。地面站的接收口径约 1 米。用来生成量子密钥的光子需要精准地打在地面站的望远镜上，这精准程度就如同在一辆全速行驶的高铁上，把一枚枚硬币准确地投到 10 千米以外的一个固定的矿泉水瓶里，难度可想而知。

把光子比作硬币，那么光子的偏振方向就好比硬币的偏转角度。量子密钥的安全性就来自这些偏转角度。BB84 协议如同一共选取"↑""→""↗""↘"四个偏转角度，都对应好二进制编码。密钥分配时，

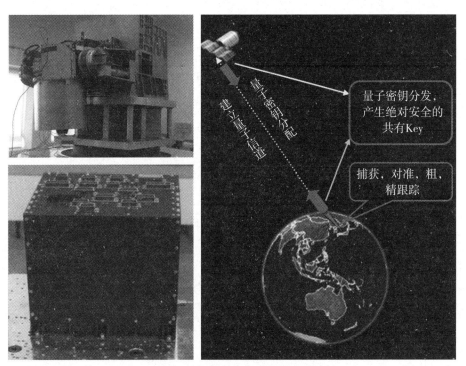

图2-20 空地间量子密钥分配示意图

发射端和接收端都随机用"＋"和"×"两种洞
来让硬币通过。扔一个硬币，双方就通过电话对
比一下选的洞，留下洞一样时扔的硬币结果，就
生成了二进制量子密钥。

如果中间有人窃听，他只能随机选择"＋"
和"×"两种洞。测过硬币角度后，如果他不想
被发现，需要把硬币再扔给接收方。但是这个硬
币已经被他测过了，会有一半的概率改变了角度。
接收方再测，最后就会发现和发送方有 1/4 的概
率硬币的测量结果不同，就能马上知道有窃听者
的存在了。停止密钥分发，换个地方重新来，直
到确认没有窃听为止。

因此，只要是成功分配的量子密钥，一定是
没有被窃听过的安全密钥，即"天知地知你知我知"
的密钥，是无法泄漏的天机。

第三篇

狄拉克之旋

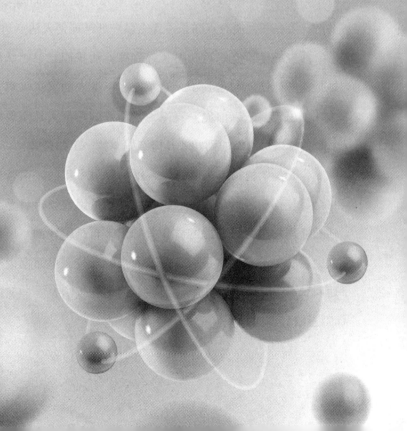

牛顿日记——讲述伟大人物的平凡心路

1661 年 6 月 15 日　晴转多云

俺叫艾萨克·牛顿，出生在大不列颠岛上一个叫伍尔索普的地方。俺呱呱坠地的那一天恰好是圣诞节，母亲给俺起了个名字叫 Isaac，来自《圣经》，是古代以色列人祖先，她说这个名字是老爸临死的时候给俺起的。那时候爹妈压根没想到俺以后能那么有出息，只想俺以后老老实实当个普通人就行了，不像那些望子成龙的爹妈总给儿子起个 Michael、John、Christian 什么的，要么和天使有点联系，要么就和耶稣那帮人沾点边儿。

两岁那年，俺妈承受不了守着寡养活我们兄弟姐妹的压力，改嫁了，她把俺和姥姥一起送到了一辈子在乡下务农的舅舅家里。直到俺上中学那天才知道，原来以前俺一直以为是爹妈的两个人是俺舅舅和舅妈，而那位每个月都来探望俺的阿姨才是俺亲妈，嗨……命苦哇！

今天是个值得高兴的日子，因为经过多年的寒窗苦读，俺终于考上了自己做梦都想进的学校——剑桥大学。虽说它当年只是牛津大学一帮具有强烈叛逆思想而被开除的青年教师出来自己组建的一所民办大学，而且没啥大名气，但它毕竟是面向劳苦大众的学校，里面据说有种能学的神奇东西叫"科学"，这是在牛津那些专门培养政治家、神父或是富二代的贵族学校压根没有的。

今儿个先写到这儿吧，俺得去接斯托里妹子去了，说起俺这妹子，那叫一个漂亮！她是俺们那疙瘩数一数二的大美女。你还甭不信，她家和俺家是邻居，俺俩是青梅竹马，两小无猜！人家不但人长得漂亮，脑袋更是顶呱呱！她比俺小4岁，愣跟俺一同考上的剑桥大学，那也亏是俺为了要考个高分减免学费复读了几年，不然等人家入学时候俺毕业可亏大了。听说这大学里男生都是"狼"啊，看见美女眼睛都是绿的！不行，俺得快点，要让一个冒充学生会主席的师哥抢了先可损失大了……

1662年7月21日 阴

大学上一年了，问俺有啥感想，就俩字儿——郁闷。

早上起不来，上课睡觉多。老师不敬业，导员太啰唆。食堂菜难吃，寝室像猪窝。一想谈恋爱，自信就受挫。长得不够帅，人也不活泼。手里又没钱，嘴还不会说。前途路茫茫，一点也没辙……

记得小时候俺问姥姥希望俺长大后干吗，姥姥说让俺好好学习上大学；俺问她上完大学该干吗，她说上完大学要娶媳妇；俺又问她娶完媳妇该干吗，她说娶完媳妇生个娃；俺又问她生个娃后该干吗，她说让娃娃好好学习上大学……

俺不明白这样一辈子接一辈子活着的意义到底是啥，不过俺知道在大学里活着至少比当兵打仗或是在乡下喂一辈子猪多少强些。明天，据说有个新来的老师要给俺们教数学，他名叫巴罗，上届的师哥都说这位老兄乃剑桥大学四大名捕之一，希望这哥们儿到时候对俺可手下留情……

1663 年 4 月 27 日　小雨

有人说大学是个象牙塔，里面净是洁白无瑕的东西。这纯属扯淡，说这话的人肯定没读过大学。

昨天，那帮人又开始在寝室喝酒打牌，喝多了就拿俺开涮，欺负俺。俺于是乎想起了小时候，班里一帮小混混天天在校门口劫俺钱，没钱就揍俺一顿，说俺是个白痴，因为班主任就是总这么骂俺的。有一天，俺实在忍不下去了，瞄准了他们当中最瘦最小的那一个，一股劲扑了上去，也不管多少人在后面打俺，俺把那小子压在身下一顿拳打脚踢，把他打哭了。旁边那些大个都傻了眼，吓唬俺几下就走了。这事让俺明白了三个道理：

（1）当别人纯粹为了乐趣欺负你时，让他们自讨没趣时他们也就罢手了。

（2）狗急了还会跳墙，光忍耐结果只是死路一条，俺可没有耶稣那么伟大，临死了还祈求上帝饶恕那些弄死自己的混蛋。

（3）打架一定要挑打不过自己的人跟他打。

可是这次在大学，俺最终还是选择忍了。俺也不知道为啥，可能是从小时候那次起再没和别人打过架吧，不会打了。俺就当他们骂我是在骂他们自己吧，时间一长也就习惯了。

晚上出外面溜达溜达，在这小树林里一个人逛真是自在，没有那些冷嘲热讽，说俺一天到晚净研究没用东西的声音。俺走着走着，脑袋里想着伽利略那本《对话》，寻思着不同质量的东西为啥下落速度一样呢？正好俺天生动手能力强，马上做个实验，俺把手里那本大厚书和水杯举到一样的高度，然后撒手，咣！水杯落在石板路上的声音太响，一下子把两边树后面那若干对情侣都吓了出来。场面真壮观！

等他们留下几声"神经病"拍屁股走了以后，俺心里真有些不是滋味了。看着那一对对身影，俺想起斯托里没准儿又跟哪个帅哥约会去了。人家这两年在剑桥大学是个远近闻名的交际花，各方面优秀的不得了，身边从来不缺少男人，也许等她玩够了才会发现一直苦苦等她的人是她牛哥我啊！

1664年1月10日　大雪

今天一个老乡来找俺诉苦，说咱们北方人太实在，总受欺负。俺陪他出去喝了两杯，他说牛哥你最实在，以后为人处事要小心。

说实话，在学校里老实和实在几乎成了傻的同义词。从小到大老妈和舅舅舅妈都教育俺做人要老老实实、实实在在，可俺发现人越老实越容易受气，尤其是受那帮所谓的聪明人的气。

俺大公无私、慷慨助人，他们会骂俺——傻瓜。

俺疾恶如仇、刚正不阿，他们会骂俺——幼稚。

俺洁身自好、诚实待人，他们会骂俺——白痴。

…………

亏这帮人也自称是信上帝和耶稣的。

科学是啥？科学追求的是"真"，是要让人类了解一个真实的自然。俺们这帮搞科学的人从来都是看重真实的东西，否定虚假的玩意儿。一个搞科学的要是不实在的话，他搞出来的东西还可信吗？

虚伪狡诈、世故圆滑，这些招数用在社会上挺能吃得开，可是在真实的大自然面前能有个屁用？那些混社会的人总以为我们搞科学的脑子一根

筋，傻了吧唧比较好骗，那是俺们不愿意和他一般见识，要单比智商比聪明谁能比过俺们？可是俺们要都把头脑用在玩心眼儿上，去骗人了，谁来揭示这大自然的奥秘？谁来推动这个社会的发展？你们想过吗？

发了一顿牢骚也没鸡毛用，日子还得照样过。昨天听巴罗老师说有人要在剑桥大学成立一个卢卡斯数学讲座，请他当第一任教授。据说，这可是全欧洲唯一的一个专门讲科学而不涉及神学的讲台，巴罗老师这回真有面子啊！这老头不知怎的对俺非常好，额外给了俺不少书看，还总给俺讲很多别的知识。俺也得对得起他不是，看来做个实实在在搞学问的人也会受到优待，这世界还有得救……

1664 年 11 月 22 日　晴转多云

舅舅和姥姥来信，希望俺圣诞节回家看看，说俺妈也回来和俺们一同过节。俺说实在的，太想家了，几乎每次放假看着别的同学坐马车回家都羡慕得要死。

今天早上好不容易打听到有开往伍尔索普的马车，俺马上去问斯托里妹子想回去不，她说不用了，已经有人请她到家里过圣诞。

其实俺想借这个机会好好和她亲近一下，毕竟俺这几年也没少照顾她，她没准能看出俺的心思。昨天，睡俺上铺的兄弟说俺有点癞蛤蟆想吃天鹅肉，竟然傻呵呵地对校花有想法。俺说俺们是老乡，从小一起长大的。他说他和校长还是老乡呢，不照样被劝退……

俺想请巴罗老师帮俺出出主意，可今天晚上一见这老头，俺愣没敢说这事。老头平时一向对俺不错，他说整个三一学院就俺一个人对他的课感兴趣，其他学生都当他是疯子，因为他讲的是和上帝不沾边的东西。看来这老头也是郁闷了很多年，终于发现俺这个有点跟他傻气相投的学生，把全部希望都寄托到俺身上了，在这种压力下俺怎么敢和他老人家再谈论儿女情长之事？

算了，再跟老头混三礼拜，然后坐马车回家……

1665 年 5 月 20 日 晴

时间飞逝啊！转眼间大学稀里糊涂上完了。经不住巴罗老头再三要求，俺决定留校陪他搞学术研究，这样以后就不愁没饭吃了，哈哈。

今天晚上，学校为了欢送俺们毕业特意在大礼堂搞了次舞会，同时为了纪念卢卡斯数学讲座开办 1 周年，校方请来了全欧洲不少科学界的牛人，大家欢聚一堂，场面热烈。

俺不会跳舞，只能坐在旁边看着他们一对对在那里转来转去。今天斯托里妹子穿得格外漂亮，几乎成了全场焦点。俺现在只要能看见她，心里就有一种说不出的高兴。

在经过无数次心理斗争后，俺终于鼓起勇气走上去和斯托里妹子打了招呼，想让她教俺跳舞，顺便……可是还没等俺开口，突然有个高个子的大帅哥走了过来，先吻一下她的小手，然后用一口极其难听的德语请她跳个华尔兹，不料斯托里竟然爽快答应了，把俺晾在那里……

俺去问巴罗老师那个德国佬是谁，他说那家伙是德国学术界的新星，名叫莱布尼斯，据说各个方面都出色的要命，是个百年不遇的天才……最可气的是老头竟然要俺向他学习！你以为你们德国人人高马大就很牛啊！

俺们英国人也不是吃素的！不服咱们就找个地方解决一下。

按照俺们那疙瘩的习惯，要是两个男的同时喜欢上一个女人就要出来决斗，谁赢了女人归谁。俺当时一冲动，真有了一股冲上去和那小子决斗的念头，后来想了想，自己比他矮半头，被扁的可能性比较大……再者斯托里只是跟他跳个舞，不一定会喜欢这个德国佬。想着想着，心里也就稍微平衡了。

等他们跳完后，俺很有礼貌地走了上去，冲那个叫莱布尼斯的说了一个以"f"打头四个字母的单词……

想啥呢！俺说的是"fine"！俺们英国人向来最讲究绅士风度，能随便说出脏字来嘛?

1665 年 6 月 10 日　阴转小雨

天有不测风云，今年一开春爱尔兰那边暴发了史无前例的一种瘟疫，据说得上的人先是发 38℃以上高烧，然后喘不上气，接着疑似转确诊，最后乖乖见上帝。

不久前这种瘟疫传到了大不列颠岛，并在岛上肆虐，短短时间内已经有 3 万人去见上帝他老人家了。英国这几年打仗死的人加一起也没有这次多，全国上下一片恐慌。学校开始想封闭隔离，可是怕一传染全校学生一个也剩不下了，毕竟俺们也是大英帝国未来的希望啊，所以校长一咬牙，干脆放长假，等瘟疫过了再开学。

在回家乡的路上，俺终于如愿以偿地和斯托里同行。可是，在这么美好的时光下俺竟然紧张得没怎么说话，像根木头似的坐在那儿。马车一路颠簸，俺把好吃的全给斯托里吃了，并想方设法照顾她。她也不闲着，一路上一直在打毛衣。莫非是给俺织的？看来真得感谢这场瘟疫，让俺俩能一直在一起，真幸福啊！

昨天俺终于到家了，却看到老妈已经重病在身。而且后爹也跟着来了，说是伦敦成了重灾区，要在这乡下田园躲上一阵子。晚上老妈把我叫到了她的身边，讲了很多从未给我讲过的事，是关于俺死去的老爹的故事。

俺终于明白，原来老爹当年是克伦威尔手下的一名骑兵，在与查理一世的战斗中死在伦敦郊外。老妈在讲述老爸当年如何勇猛善战时，眼中总是流露着一丝喜悦和自豪，他说俺长得很像那时骑在战马上威风凛凛的老爹，真的很像很像……

老爹那一代人跟随着护国主南征北战，为的是推翻暴君专制，给人民自由和平等。而俺们这一代人呢？却一直苟且地活着，在那个比查理父子更残忍的詹姆士统治下一直苟且地活着……

明天俺准备开始俺的研究工作了。巴罗老师曾偷偷和俺说过，说俺手中的笔是知识分子最好的武器，它能写出一种东西叫"科学"，"科学"能把受苦受难的人民解放出来。俺虽然听不大明白，但是俺琢磨着自己写的东西也许能对大众有点用……

Knowledge is power.

——Francisco Bacon

1666 年 9 月 11 日　晴

今天晚上真倒霉，刚出门让被苹果给砸了。苹果到了熟透的时候就会从

树上掉下来，这白痴都知道，可它咋就那么准落在俺头上呢？俺自小对这东西没啥好印象，上帝他老人家当年因为亚当夏娃偷吃他一个苹果就把这小两口流放了，真够狠心的啊！俺还听说希腊神话里有三个大美女因为抢一个金苹果让人间特洛伊城打了几十年的仗，看来这东西真不太吉利。

不过俺当时一见这苹果又大又红，寻思着美女能因为苹果打架，应该挺爱吃这玩意儿的吧，于是俺拣了一大堆抱着给斯托里送去了。

嘻嘻，果然苹果赢得美人心那，斯托里妹子竟然陪俺一起出来散步了。俺当时心里那个美呀！不过头一回和女生约会应该找点话题不是，她说俺平时不太幽默，那俺就给她幽默一把看看。于是俺看着月亮问她："大妹子，知道不？俺今天让苹果给砸了。你说这苹果能从树上掉下来，这月亮咋不能从天上掉下来呢？哈哈。"

俺问完，忽然感觉有点不对劲了，只听见斯托里妹子说了一句"无聊"转身就走了。俺正要追上去，可是突然感到真有点不对劲。因为这阵子俺正研究伽利略和笛卡儿的学说，有点小发现：有一种东西叫"力"，是不同东西间的相互作用。一个东西要是没有力的作用就会不改变自己的运动方式；一旦有了力的作用，它的运动方式就改变了，而且力的大小和它的速度变化率成正比。那这苹果莫非是被地球的一种"力"给拉下来的？于是俺当时因为急着回去研究，也就忘了去追斯托里妹子了。反正以后想约会有的是机会，瘟疫不结束，她就不会走，哈哈。

1667年5月4日　阵雨转多云

时间过得好快，一晃离开剑桥大学两年了。学校来人送信说瘟疫结束了，巴罗老师希望俺能回去陪他搞研究。

说实话这两年俺在乡下有不少发现，正好要给这老头看一看。尤其在他教的数学上，俺发现了一种用笛卡儿的坐标系计算不规则东西大小的方法，这方法先将连续的东西用极限细分到无限小，用这个无限小除上无限小的坐标，然后再对无限多个无限小和无限小坐标的商求和，就能精确地算出每一个函数图形的大小。俺暂且叫它"微积分"吧。

其实这东西灵感来自俺看了斯托里妹子织的毛衣。她把毛衣的曲线部分织得很平滑，俺问她咋办到的，她说线越细，织出来的曲线就越平滑。俺把这道理用在数学上，就发现了微积分这东西。

有得必有失啊，这回让俺伤心的是，那件毛衣……不是给俺的。她说这毛衣是给一个高大英俊的人织的，俺这种矮胖身材穿不了。

于是俺追问那个人是谁，她说是毕业舞会上认识的那个德国人。我晕！她还说那家伙现在在法国，来信要她去巴黎与他一起浪漫地漂泊。俺当然不同意让她去，而且告诉她那个德国佬肯定是个骗子，可是她说什么也不听，坚决要去。俺没辙了，只好摊牌。

俺鼓起了多年积累的勇气向斯托里讲了俺是多么喜欢她，俺做梦都想娶她当媳妇。上次俺把怀表放到锅里不是因为俺错把它当鸡蛋煮了，而是因为俺想让她看到，那只怀表分毫不差地记录着俺俩在一起的时间……虽然最后弄巧成拙，但足以表明俺对她的一片痴心啊！

俺以为这样也许能留住她。可是她却十分平静地告诉俺："牛哥，其实我早就看出了你的心意，谢谢这么多年来你为我付出的一切，但是，我希望你能明白，属于你的不是我，而是整个宇宙……"

我晕！就这么被飞了……

曾经有一份贼纯的爱情摆在俺面前，

俺想珍惜，没珍惜成。

天底下最郁闷的事莫过如此。

如果上帝他老人家再给俺重来一次的机会的话，

俺会对那个妹子说："俺仍然稀罕你！"

如果非要给她拒绝俺的次数加一个上限的话，

俺希望是——only one。

1684年10月10日　大雾

今天俺在收拾屋子时，翻到了这本发黄的日记。转眼间已经过去20年了，这20年是不平凡的20年，对俺来说发生了两件大事：

（1）俺因为学术上的出色表现被选举为英国皇家学会会员。

（2）巴罗老头退休了，俺接替了他的职位，成为第二任卢卡斯数学教授。

两个月前，剑桥大学来了个牛津大学毕业的毛头小子，这小子一见我面愣是说对我的崇敬有如滔滔江水连绵不绝，又如黄河泛滥一发而不可收！天底下竟有如此能拍马屁之人，俺还是第一次见到。俺一问，原来他就是那个因专门研究彗星而出名的哈雷。你说这小子年纪轻轻的研究什么不好偏要研究扫把星！俺自从认识他以来没交过一天好运，果然是扫把星一个！

"扫把星"刚来的时候就问我他研究的那东西在天上是啥轨道，俺用微积分和引力定律给他算了算，结果分明是椭圆嘛。这小子当时就傻了眼，说牛哥你这些成果太牛了，不出版简直就是浪费。

废话！你以为俺不想出版啊！可你别忘了现在皇家学会会长是那个叫胡克的混蛋，这家伙向来跟俺不和，还愣说俺将白光分为七色光的发现是剽窃他的成果。天底下还有如此不要脸之人！俺咋向皇家学会投稿啊？

俺把个中原因告诉"扫把星"后，没想到他也火了。他说在伦敦搞研究时早就看胡克那混蛋不爽了，整个一满脑肥肠的贪官，他弄不明白为什么威廉国王选了这么一个家伙领导英国学术界。这也是"扫把星"借个机会就跑剑桥大学投靠俺的原因，看来俺们两个真是同病相怜。

在"扫把星"的鼓动下，俺受不了了，终于决定将多年成果写成一本书出版。于是从那天起，俺开始不停地写啊写，梦想着自己的著作有一天能畅销欧洲……

1687 年 1 月 5 日 晴

为了完成俺的著作，俺废寝忘食地写了一年，连写日记的时间都用上去了。这不，前两天俺亲自把初稿送到了伦敦皇家学会审阅，俺和"扫把星"两人面对面地等待着胡克一伙的评审结果，那场面充满了火药味……

胡克这厮不停晃着他那肥头大耳，然后打着官腔说："牛顿先生，在你的书里很多结论我以前得出过，所以我认为你的著作有明显剽窃我成果的嫌疑，这种行为十分无耻，因此我们一致决定不能给你出版。"

俺一听立马火了，指着那厮的鼻子骂道："你研究这么多年，除了弹簧还研究出了个屁来了？俺倒是想剽窃你一下，可你手里有个啥呀！天天吹牛说你有计算结果，有种你拿出来给大家看看！少在那里说自己是个学者，你纯粹一个混子！"

在座的皇家学会会员们当时都惊呆了，要不是"扫把星"见状不妙马上拉住了俺，俺当时非狠削那厮一顿不可。

胡克一下被俺说的话戳到痛处，气得脸煞白，就像小姑娘的屁股。他站起来留下一句："我宣布从此以后再不参加这种烂会！牛顿你想出版，做梦去吧！"说着一摔门跑了……

评审会不欢而散。

学会那些学者倒是和俺说了实话，其实他们也早就看胡克不爽了，不过学会的钱都在那厮手里管着，他们想帮俺也帮不上。

就这样，俺和"扫把星"憋着一肚子气回到了剑桥。俺也不想再写书了，天天关上门自己搞研究。都怪这个"扫把星"，非叫俺出书。这下事情闹大了，以后叫俺在英国学术界还咋混啊！

1687年4月14日 多云

今天上午俺正在办公室里用功读书呢，突然"咣当"一声门开了。只见"扫把星"急匆匆地闯进来兴奋地冲俺喊道："牛哥，赶紧把书写完吧！我弄到钱了，你的书可以出版了！"

俺当时一听也愣了："你小子从哪儿弄来那么多钱？不是去抢银行了吧？"

"抢啥银行啊，我是这几个月找朋友借的，凑到一起，够出版费了。到时候以你的个人名义出版，没人敢管！怎么样，牛哥？"

平时见这"扫把星"猴奸的，没想到关键时候这么够哥们！俺当时果然没白收这个小弟，够义气！

　　"扫把星"接着又说："牛哥，这是我这阵子从格林尼治天文台新测的月球与地球距离的数据，这是巴黎天文台最新测得的地球子午线数据……所有结果和你的理论完全符合！到时候都写进去！"

　　俺一听更高兴了："太棒了！今晚上到俺家，让牛哥好好招待你一番！"

　　今天晚上喝得真痛快！俺和"扫把星"喝得都有些高了。这小子喝着喝着突然看见俺屋门下面有一大一小两个洞，就问俺那俩洞是干啥用的。俺告诉他是为俺养的一大一小俩猫进出门方便打的。"扫把星"一听大笑不止，问俺："牛哥你咋那么逗呢？你打一个大洞，那俩猫不都能出去了不是？哈哈！"

　　俺一听可不是嘛，整天研究高深的东西结果这么简单的小道理都忘了。但是俺是当大哥的啊，怎么能让小弟知道俺会犯这种错误！不行！于是俺脑子一转，告诉他："这就是你不懂了！这个世界上，每个人都有自己的一扇门，即使在他们不用的时候，也从不轻易让给别人用。现在胡克就是那只大猫，而我们这些小猫就另辟蹊径，开个属于自己的新门！"

　　"哦！牛哥！你说话太有水平了！我哈雷这辈子最佩服的人就是你，啥也不说了，一切都在酒里！干杯！"

　　哈哈，这样一来，俺在"扫把星"心目中的形象更高大了！

1687年10月1日　大雨

　　简直就是奇迹！一个夏天，俺那本《自然哲学的数学原理》成了最畅销的书。霎时间，牛顿的名字传遍了整个欧洲。他们都说俺的发现是划时代的，于是俺成了比笛卡儿、开普勒和伽利略更牛的学者。一个夏天，俺

的大名几乎家喻户晓。

人到这时候应该谦虚点不是，没有前辈们的发现，也不可能有俺今天的成就啊。于是每当有人夸俺说"牛顿，你真牛！"时，俺总是回答："快不要这样说！大家都是出来混的，俺也是站在巨人的肩膀上！"

"扫把星"更是没想到，原来投资的那点出版费一下子赚到了几十倍的利润，他可发了！俺也没跟他谈钱的事，毕竟是人家出的钱。再者俺孤身一人，没啥花销。不像这小子还得养活一个老婆、两个情人、三个孩子外加四个私生子。

生活总是痛并快乐着，这个时候也不例外。就在俺作品最畅销的时候，俺收到了一封来自巴黎的信，是斯托里写的。她在信中说俺取得了这么大的成功，她很高兴。她现在一个人生活着。那个德国人说要回国就任高职，把她留在了法国，然后他再也没有回来。斯托里说她想去德国找他，但是现在重病在身，无法行动。身边连一个亲人也没有，无依无靠。她说在这个时候，她知道牛哥一定会来帮她……

看完信，俺哭了，这是俺长大后第一次哭。俺回信说你牛哥马上来巴黎接你，你要好好等着俺。而且你牛哥现在还是单身……

于是"扫把星"给俺安排好了一切，俺匆匆忙忙在今天早上赶到了巴黎。

当俺赶到斯托里信中的地址的时候，她已经走了。神父说她走的时候很安详，她微笑着说会在天堂等着他的牛哥……俺第一次懂得了什么叫撕心裂肺的痛苦，所有的语言已经无法表达俺那一刻的心情……

今夜，俺已经感到无力在科学的沙场上继续驰骋。因为斯托里，俺慢慢开始相信上帝的存在，俺坚信也会有天堂地狱，俺坚信斯托里现在就在上帝的身边等着我，俺坚信在另一个世界俺们会重逢！俺要用俺所有的知识来证明这一切的存在！

1705年12月12日　小雪

又过去了20年，俺已经忘了再写日记。在这破旧的纸张上，记载着俺从跨入剑桥大学那一天到声名显赫的整个历程。往事不堪回首。现在，俺已经是个不折不扣的老头了……

这20年发生了许多事。

（1）母亲和姥姥都去世了，巴罗老师也走了，他们走的时候都说为俺的成绩而骄傲。

（2）威廉赶走了詹姆士二世，成立君主立宪共和国。俺被他选进议会当上了议员。

（3）俺离开了剑桥大学，住进了伦敦，并成为皇家造币厂厂长，处理了不少假币案子。

（4）胡克死了，俺继承了他的位子——皇家学会会长。

（5）不久前女王授予了俺爵士称号。

…………

不过最令人难忘的是去年的一天，那个叫莱布尼斯的德国人来了，他说要在微积分的发明权上和我做个了断。于是当着欧洲众多学者的面，他掏出了那件毛衣——斯托里当年给他织的那件毛衣，他说30多年前，因为受这毛衣上面平滑曲线的启发发明了微积分。

看到这里，一种说不出的心酸又催出了俺的泪水。俺仿佛又回到了40年前那个秋天，那个苹果落地的秋天。斯托里在屋里精心地织着毛衣，俺

在草地上写着一个个公式……

今天，命运又将俺拉回了这场恩怨。哼！德国佬！不要怪俺不手下留情了！为了俺对微积分应有的发明权，更为了死去的斯托里，俺要你身败名裂！让你在永远的骂名中气愤而亡！

…………

今天"扫把星"来了。多年不见，他也早已从一毛头小伙变得两鬓苍苍。多少往事沧桑尽在笑谈中。

他问俺当年给书起名中的"自然哲学"指的是什么，俺告诉他这是指笛卡儿的一个梦想。因为哲学的目的是为了弄懂世界的原理，然而仅靠语言是不够的，于是笛卡儿梦想着将精确描述自然的学科——数学与哲学结合起来，形成一门新的学科，来精确地研究大自然和整个宇宙的本质。于是俺就把这门学科起名叫"自然哲学"。

"扫把星"想了想，说有一个更好的词可以替代它，就是亚里士多德所说的"物理学"这个词。俺当时一听豁然开朗，不错！就是"物理学"！它今后将成为整个科学的核心！而我会荣幸地成为它的创始人之一！有了它，剑桥大学在俺死后会成为世界最牛的学府；有了它，世界将发生巨变，大英帝国也会借助它所带来的发明成就一时的霸业……

那时，俺会和斯托里在天堂幸福地看着这一切……

我，海森堡

我就是沃纳·海森堡（Werner Heisenberg），没错，就是现在陪伴着我的父母和妻子，静静地躺在慕尼黑市区瓦尔德弗里德霍夫公墓的第163号墓地的角落里的家伙。我曾经是量子力学的第一位建立者，一个被物理学领域的人们所铭记，公众却对他越来越陌生的人。在我的一生中，经历了太多的是非成败、荣辱曲折，太多太多和20世纪的物理学乃至整个世纪的历史紧密相连的故事。

我的一生像一个传说，却真真实实地发生在20世纪的时间轴上。通过我的故事，您将看到什么是20世纪物理学的革命，尤其是量子理论激情澎湃的建立和发展过程。您将看到我与20世纪那些最伟大的物理学家们一个个精彩纷呈却又鲜为人知的故事。您将看到我的祖国德意志带给了这世界什么样的财富，又在两次世界大战中带给了世界怎样的伤害。您将看到我们在战争的创伤中如何崛起，反思人类究竟该怎样活着。

我，海森堡，量子力学最早的建立人，爱因斯坦和普朗克的晚辈，玻尔、玻恩和索末菲的学生，泡利的好兄弟，薛定谔和狄拉克的好友兼竞争者，费米和奥本海默的朋友兼对手，将会把我一生沧桑坎坷却又精彩纷呈的故事奉献给各位。

一、小小少年

1901 年 12 月 5 日，我出生在德国南部巴伐利亚州的乌兹伯格市。30 多年前，铁血宰相俾斯麦领导着普鲁士军队所向披靡，将 100 年前被拿破仑的铁骑蹂躏得支离破碎的"神圣罗马帝国"的小国们（包括我老家的巴伐利亚王国）一个个征服，并入德意志联邦的版图。面对其他大国的阻挠，普鲁士于 1864 年战胜了丹麦，1866 年战胜了奥地利并将它排除出德意志联邦，以 1871 年大胜法国（普法战争），夺回边境两个州，正式建立了以普鲁士为中心的德意志帝国。于是我生来就是一名德国人。

在我出生的那一年，德意志帝国影响力最大的物理学家马克思·普朗克（Max Planck），面对黑体辐射（black–body radiation）的难题做出了一项开创性的工作。因为慕尼黑的实验物理学家维恩（Wilhelm Wien）给出的公式和英国物理学家瑞利（Lord Rayleigh）给出的公式，一个不能解释低频实验结果，另一个能解释低频结果的公式却在高频发散。于是普朗克先生大胆提出光的辐射能量非连续而是离散的观点，即一个固定长度的黑体辐射腔内，辐射的频率模式是离散的（在腔长内具有整数或半整数个周期），而辐射能量本身是和这些离散的频率成正比的，即 $E=hv$，h 为普朗克常数（6.626×10^{-34} J·s）。

我 4 岁那年，物理学界出现了一位年仅 26 岁的绝世天才，他在当时世界上最好的物理学杂志《物理年鉴》上那一年发表了 5 篇论文，改变了整个物理学。3 篇建立划时代的狭义相对论，1 篇有关布朗运动，1 篇便是光电效应。没错，他就是我们的偶像阿尔伯特·爱因斯坦（Albert Einstein）。爱因斯坦提出了光除了波动性外本身还具有粒子属性，即光子的假说。一个电子吸收一个光子，光子的能量和频率符合普朗克的光辐射能量量子化后的关系 $E=hv$，于是光电效应被成功地解释清楚，算作普朗克先生的理论的进一步发展。后来在我 14 岁那年，爱因斯坦又提出了广义相对论，用一个极其简洁漂亮等效原理和黎曼时空的模型成功解释了牛顿引力理论中不能解释的诸多问题，被后续的观测所证实。于是爱因斯坦成了人类历史上比肩牛顿的最伟大的物理学家，这些都是后话。

现在谈谈我的童年。我的父亲，奥古斯都·海森堡博士（Dr. August Heisenberg），是一名希腊语言学家。我的母亲，安娜·海森堡（Anna Heisenberg，婚后随了父亲的姓），从天主教皈依了父亲信奉的路德宗，他们在 1900 年生下了我的哥哥埃尔文·海森堡（Erwin Heisenberg），后来

图3-1　奥古斯都·海森堡夫妇的婚礼（1899）

图3-2　海森堡（右）和他的哥哥埃尔文·海森堡（1905）

他成为一名化学家。我是他们的第二个儿子。

　　5岁那年，我进入了乌兹伯格市的小学。由于父亲是位老师，他一直拿我和我哥哥来比较，想让我们互相竞争、共同成长。在他的眼中容不得自己的孩子学习成绩比其他人差。也的确是这样，我和我哥哥的学习成绩在班级里一直名列前茅。

　　他的理性发展比幻想和想象力要好。

　　　　　　　　　　　　——海森堡的小学老师

　　这个孩子极其自信，总是想做到出色。

　　　　　　　　　　　　——海森堡的小学老师

没错，在小学老师的眼中，我就是这样一个孩子，理性成分比想象力更出色，并且极其自信，想做到非常出色。也许你们想起了爱因斯坦小时候很笨的例子。那都是谣言。他小时候肯定比我更出色。那种做板凳的故事大概是后人杜撰用来鼓励资质平平的孩子们的。

尽管在语言上有一定困难，爱因斯坦在学校里仍是顶尖的学生。

——《爱因斯坦综合征：聪明的孩子说话晚》

在我 9 岁那年，慕尼黑大学给了我父亲一个希腊语言文学的教授职位，于是我们举家搬到慕尼黑。从此这个城市成了我的故乡。第二年我进入了马克西米利安文理中学，9 年后它将我们培养进慕尼黑大学。

在中学时代，我对语言和数学的兴趣产生得非常早。

——海森堡

那是一个不公平的年代，我们的学校中只有男生没有女生，真是耽误年轻人成长啊！这九年中，我显示了在数理方面很强的天赋，课堂上的一切知识对我来说似乎都那么容易，我开始学习只有大学才能学到的课程，开始自学微积分，用它来轻松地解决很多中学数学中比较难的题。那时我真的非常喜爱数学，因为它是那么的严谨、理性、清晰，可以让你从根本上理解它是什么。我的自然科学老师克里斯托夫·沃尔夫（Christoph Wolff）不断地用汽车、飞机、电话的发明来引起我的兴趣。那个时候，我甚至开始自学爱因斯坦的相对论，我的物理学生涯也就真正诞生于这个时候。在

毕业的考试中，老师们给了我极高评语，认为我的知识已经超越了中学的要求。

他掌握的数学物理方面的知识远远超出了学校的要求。

——海森堡期末考试的教师报告

也就是在这九年中，德国发生了翻天覆地的变化。19世纪末到20世纪初的电力革命让德国走在了世界最前沿，科技实力已超越英法，雄踞世界第一。可惜在俾斯麦统一德国意志的时候，地球上的殖民地已经被西班牙、葡萄牙、荷兰、法国，尤其是大英帝国给瓜分干净了，德国只在非洲几个贫瘠的地方扶植了自己的势力。一个后起之秀势必要打破前人的格局。那时我们联合了奥匈帝国与奥斯曼帝国组成同盟国，开始与英法对抗。英法自然不敢小视，拉拢了和德国几乎同时崛起的美国与俄罗斯，组成协约国。表面上看他们集团的势力似乎更强大，但是我们从不畏惧，第一次世界大战便在巴尔干半岛这个火药桶的引爆下展开了。

俗话说不怕虎一样的对手，就怕猪一样的队友。奥斯曼帝国已是明日黄花，早已没有了几百年前消灭拜占庭帝国、封锁欧亚通道的实力，很快就投降了。奥匈帝国更是一对半路夫妻，很快就分崩离析。我们德意志的勇士们把东西两线的战场都推到了国境之外，却发现只剩下自己对抗英法美俄的全面包围，失败在所难免。

从 1914 年一战开始，大量的民用资源被消耗在战场，我的家庭就开始了忍饥挨饿。有一次我居然饿得从自行车上摔了下来，后来只有加入学校的军事训练营当预备兵才能吃饱饭。这些年的营养不良造成了我们这一代很多人没有长好身体。在军训营中，我被选为了一个小组的领导者，带领大家一起爬山、远足、玩古典音乐、讨论科学艺术，在残酷的战争年代享受少有的宁静。

其他人，包括我，在巴伐利亚的高地上干了两年农活。既然习惯了狂风，我们有勇气去面对最艰难的问题。

——《海森堡文集》

一战之后，面对凡尔赛和约的巨额赔款，德国经济陷入全面崩溃，我们进入了食不果腹的时代。笼罩在战争失败的阴影下，慕尼黑的街头天天上演着几个派别的血腥搏杀，国家一片混乱，弱肉强食。我在 20 岁之前就切切实实地感受到了政治的虚伪和残忍，也许只有在自然科学里才能找到那份真实。成王败寇的残酷让我感觉到只有让自己变得更出色、更强大才能更好地活下来。

也许这样不对，但我总是想着在朋友中出类拔萃。

——海森堡，1919 年

图3-3　海森堡（右）和埃尔文·海森堡（左）送父亲奥古斯都·海森堡（中）去第一次世界大战的战场（1914）

二、求学之路

1920 年秋天，我正式进入了慕尼黑大学，开始了我的学术生涯。起初我想主修数学专业，但是和几位数学系的教授谈论以后，我决定还是去学理论物理。也许是我看了太多的经典力学和相对论的书，思维上和这些数学家有些格格不入吧。

慕尼黑大学的理论物理学教授名叫阿诺德·索末菲（Arnold Sommerfeld），一位睿智而慈祥的老人，曾是著名数学家费列克斯·克莱因（Felix Klein）的助手，他成了我的博士生导师。他的手下有两个非常著名的学生，据说是慕尼黑大学物理系目前最聪明的两个学生，一个叫沃尔夫冈·泡利（Wolfgang Pauli），一个叫彼得·德拜（Peter Debye）。泡利这家伙出生在 1900 年，比我大 1 岁，标准的世纪婴儿。这个大腹便便的家伙一看新来了个师弟，马上滔滔不绝地跟我地大谈物理学，结果发现我这个"菜鸟"居然知道

图3-4　索末菲教授和玻尔教授的合影（1919）

的一点不比他少，于是对我照顾有加，好似寻觅良久终遇知音一样。

索末菲老师给我的博士课题是关于湍流的，是流体力学里一个相当变态的题目，根本无法得到解析解。索末菲老师太信任我了，但是我的兴趣早已转移到了别的地方——尼尔斯·玻尔（Neils Bohr）教授的量子理论。因为在我想主攻相对论的时候，泡利这个有眼光的家伙建议我说，相对论领域被爱因斯坦一个人建立得差不多了，你没有机会再做出重要成果，但是玻尔研究的这种电子轨道模型的量子理论问题重重，你不妨试试这方面，也许有大发现呢。

索末菲老师 1922 年跑到美国去做一个为期一年的客座教授。他知道我的兴趣转移到量子理论上了，便把我推荐到了哥廷根的马克斯·玻恩（Max Born）那里做交流生。哥廷根，一个在数学界何其神圣的地名，大数学家高斯（Gauss）建立了这里的威望。如今在希尔伯特（Hilbert）的领导下，它已经成为世界的数学中心，我在这里的导师玻恩也算是他的半个学生了，他是哥廷根大学理论物理的带头人。

图3-5 好兄弟泡利

对我来说哥廷根再好不过，因为我可以在这里学到纯粹的数学和天文学。

——1922 年海森堡写给父亲的家书

图3-6 第一次世界大战时的马克斯·玻恩教授

刚来这里不久，我便遇见了来访的玻尔教授，一个当时在我心中仅次于爱因斯坦的物理学家。在他的报告结束后，我勇敢地走上去向他请教有关他的量子理论的一些问题，使他认识了我这个后辈。后来我才知道，第一次见面他就被初生牛犊不怕虎的我所深深打动了，滔滔不绝地向我讲述他的工作。这一年，玻尔教授凭借电子轨道模型的量子理论拿了诺贝尔奖（这个工作也有我的导师索末菲的一部分功劳），在他的前一年得奖

的是爱因斯坦。比较讽刺的是爱因斯坦居然是靠光电效应的光子解释获奖，而不是更为重要的狭义相对论和广义相对论。当然，他的光子解释和普朗克的量子化一起成为玻尔教授量子理论的基础。

由于我是个短期交流生，玻恩教授起初没有太在意我，但随即便被我的能力和求知欲所打动。他手下有个数学基础非常强的助教帕斯卡·乔丹（Pascal Jordan），我们一起通过玻尔的量子理论计算得到的结果和实验观测的原子光谱完全无法吻合，看来玻尔的旧量子理论存在致命问题，量子理论需要一次深入的变革。

物理学不仅需要更多的新的假设，甚至整个物理学概念系统都需要重建。

——玻恩，1923 年

一年的交流期很快结束，索末菲老师也从美国回来了，他叫我回去毕业答辩。说实话这一年我满脑子都是量子理论，根本无暇顾及他给我的湍流课题。不得已，我用了几个小技巧，得到了一个非严格但是非常近似的解，作为我的博士论文内容。论文得到了通过，并且相应的结果第二年发表在了当时最好的物理学期刊上。于是泡利半开玩笑地说："海森堡，你真是天才，这样也行？"

在处理这个问题上，海森堡又一次显示出了他超强的能力：对数学工具的完全运用和非常勇敢和深入的物理视角。

——索末菲对海森堡博士论文的评语，1923年

万万没想到的是，我的博士答辩会成了我人生第一个无法忘怀的噩梦。索末菲老师这边自然没有问题，因为我知道在他眼中我是他最出色的学生，哪怕是跟泡利和德拜这样的牛人相比。但是我从入学以来就没有认认真真地做过一次实验。似乎上帝给了我敏锐的头脑和理性思维，却夺走了我的动手能力。在慕尼黑大学负责实验物理的是诺贝尔奖得主瑞恩，没错，就是做黑体辐射实验给普朗克先生铺路的那位，一直被我在调仪器时候的笨手笨脚气得发疯。在他的眼里无论一个物理学家理论水平如何高，都必须要具备一定的实验能力，于是，答辩时候我就被他搞惨了。他先问我怎么调法布里－帕罗干涉仪的精细度，我没答上来。他又问我蓄电池怎么工作，我还是没答上来。瑞恩十分气愤，觉得我不该通过。他在

图3-7　威廉·瑞恩

慕尼黑大学资格最老，一言九鼎，无人敢反对。这时我的导师索末菲勇敢地站了出来替我说话，他反对用实验能力来扼杀一个理论物理学家的天赋。我头一次看到两位老科学家在如此激烈地争吵。索末菲老师在一心地帮助我，提携我，使得我一生都对他存在着深深的敬意和感激。

最后讨论的结果，索末菲老师给了我最高分A，瑞恩教授给了我最低分E，于是平均下来我的答辩成绩是C，刚刚及格。这对从小一直名列前茅、不甘人后的我来说是一次非常重大的打击，如同耻辱一般。这一年，我22岁。晚上索末菲老师组织了晚宴庆祝我拿到博士学位，我喝完香槟酒吃点东西后，在大家意犹未尽地欢聚的时候和大家匆匆道别，早早地离开。回到宿舍我拿起早已收拾好的行囊，背着它在夜色下只身来到慕尼黑火车站，买好车票，目的地——哥廷根。

第二天早上，我就到了玻恩教授的办公桌前，拿着这张难看的答辩成绩单，问他："您说过我拿到学位后就招我过来当助教，现在您是否会改变主意？"我当时心里很忐忑，寄希望于玻恩不会放弃一个改变量子理论的机会吧。

玻恩一开始没有回答我，只是问答辩时瑞恩都问了我哪些问题，然后说"这两个问题确实不好回答"。玻恩教授也许是为了给我面子才这么说的，录取通知书还是照旧给了我。

我那位赋闲在家的战斗英雄老爸真是一直在为我担心，他甚至写了信给哥廷根大学主管实验物理的詹姆斯·弗兰克（James Franck）教授，请求他好好教教我实验。詹姆斯·弗兰克教授尽力教了我很久，最后还是放弃了，留下这样一句话："海森堡想在物理学领域生存的唯一的出路只有去当个理论物理学家。"

三、量子力学

哥廷根大学浓厚的学术氛围和玻恩教授强大的团队让我如鱼得水，继续寻找着新的量子理论。

玻尔先生在 1913 年提出的量子理论模型，是假定电子在原子核外固定的轨道上运动，在这个轨道上不辐射能量。电子从一个轨道跃迁到另一个轨道的时候会吸收或辐射一个光量子，两个轨道之间的能量差即为这个光量子的能量 hv。玻尔的理论一开始就存在一个致命的问题，即他无法用含时的方程来描述这个轨道之间的跃迁过程。

还有另一个致命问题，根据麦克斯韦方程组，电磁波（光）是周期的，那么玻尔模型中一个绕原子核在固定轨道上运动的电子所能辐射出的光的频率，必须是这个电子绕原子核运动的频率的整数倍。这就引起一个很严重的结果：在量子数为 m 和 n 两个轨道上，m 和 n 两轨道间跃迁释放的光量子能量 hv（$m-n$）要等于两个能级差 E_m-E_n，同时频率 v 也要近似为 m 轨道和 n 轨道频率的整数倍。这只在 m 和 n 都很大，且 $m-n$ 非常小的时候成立，在其他情况下，玻尔模型就无法自圆其说。

究竟微观世界应该用什么样的理论才能准确描述？这个问题一直困扰着我。1925 年 6 月，我不幸染上了花粉病，即一种对粉尘强烈过敏的鼻炎。

我选择了这个夏天去北海上的一个小岛黑尔戈兰岛上度假，让清新的空气和温暖的海风带给我健康的呼吸，同时不断地思考着新的量子理论的突破点。

爬山、读诗集，加上思考量子理论成了我在小岛上宁静生活的全部。拿着这两年其他物理学家发表的大量光谱实验数据（都不符合玻尔模型的预言），我在尝试着用新的模型来解释它。某一天的凌晨，我突然发现如果经典力学中成对出现的力学量符合一个非对易的关系，譬如坐标和动量符合 $[x, p] = xp - px$ 不为零，某些计算可能会得到和实验相符的结果。

图3-8　1924年的海森堡

那是凌晨3点，当我写下了最终的计算结果，我深深地被震撼到了，兴奋得无法入眠。于是我离开房子，站在探出海面的一块岩石上迎接日出。

——海森堡，1925 年

我在想着玻尔的模型中电子的轨道是一个圆，索末菲老师将这个模型做了改进，使电子的轨道是一个椭圆。但我们真正能从原子中观测到什么？无非是通过它吸收的光和辐射的光来反推电子的动量和能量，而不是它的轨道！如果坐标和动量是非对易的，那电子显然就不会有固定的轨道，

是不是问题就出现在这里？

回到哥廷根，我就马上给在汉堡大学做助教的泡利写了信，告诉了他我的想法。泡利是我最信任的师兄，他在去年提出了著名的"不相容原理"，即一个轨道上最多只能占据两个同能量的电子，而这两个电子在外磁场中一个会增加能量，一个会减低，从而区分开到不同的轨道上，使每电子都有一个属于自己的唯一轨道，因此核外电子有了壳层结构。他被誉为物理学界的奇才。

此时，我告诉他，自己正酝酿着一个比他的工作更重大的计划，我想摒弃玻尔模型中电子轨道的概念！

一切对我来说还都有些模糊不清，但看上去电子不再按照轨道运行。我的努力就是推翻和取代那些无法观测的电子轨道概念。

——海森堡 1925 年写给泡利的信

这个想法尽管很疯狂，我还是把它写成了一篇论文，交给了玻恩教授。我的出发点是把描述经典周期系统的傅里叶级数做一些改变，因为原来的傅里叶级数不会产生新的频率，而原子中能级间的频率由于可相加，新的级数自然要包含这个性质。原子系统产生 E_m-E_n 跃迁时只跟这个频率（E_m-E_n）/ h 共振，于是和这个跃迁相关的新的傅里叶级数的系数 $q\{mn\}$ 只包含这个频率，并且 $q_{mn}=q^*_{mn}$。该系数满足一个含时的运动方程 $q_{mn}(t) = e^{2\pi i(Em-En)/h} q_{mn}(0)$，于是广义坐标 X_{mn} 和广义动量 P_{mn} 的乘积可以写成两者新的傅里叶展开系数的乘积，即 $XP_{mn} = \Sigma_{k=0}^{00}(X_{mk}P_{nk})$，这样既可以满足频率相加，同时满足非对易关系 $XP_{mn} \neq PX_{mn}$。一个量子系统的哈密顿量 H 就可以用这种新的广义坐标和广义动量来表示。

这篇文章将通过可观测的物理量建立一个量子力学的理论基础。

——海森堡的第一篇量子力学论文节选

玻恩教授看过我的论文后，第一时间鼓励我发表。他思考几日后，又告诉我一个重要的想法：我用的这种傅里叶系数可以用矩阵来表示！

在玻恩教授的鼓励下，我的论文首先得以发表，随后玻恩教授马上和帕斯卡·乔丹合著了一篇用矩阵来描述我的理论的论文，很快在年底之前，我们三人合著了第三篇论文，正式宣告量子力学的第一种形式——矩阵力学的诞生。

文中我们的矩阵力学建立在这几个假定上：

（1）所有的物理量均用厄米特矩阵表示。一个系统的哈密顿量 H 是广义坐标矩阵 X 和广义动量矩阵 P 的函数。

（2）一个物理量 Q 被观测到的值，是该矩阵的本征值 Q_{mn}。系统能量 E_{mn} 自然就是哈密顿量 H 的本征值。跃迁频率 $v_{mn}=E_m-E_n$。

（3）物理系统的广义坐标矩阵 X 和广义动量矩阵 P 满足如下非对易关系，这是我们矩阵力学的核心：$[x,p]=XP-PX=ih*I$，其中 I 为单位矩阵。

泡利很快用我们的矩阵力学计算出了氢原子能谱，符合了所有光谱观测实验的预言！我们的工作点燃了整个物理学界，于是 1925 年成了玻尔的旧量子理论的逝去、全新的"量子力学"的诞生年份。

接下来的 1926 年，我不断地受邀到欧洲各地讲述我们的矩阵力学。在剑桥大学，一个和我年龄相仿的博士生的提问引起了我非常浓厚的兴趣。他问我是否想过非对易关系和经典力学中的泊松括号之间的对应，即一个经典力学到量子力学完美的对应原理过度。我被他的发现所震动，知道了他叫保罗·狄拉克（Paul A. M. Dirac），一个

图3-9 海森堡（右二）和帕斯卡·乔丹（右一）（1927）

瘦瘦高高、黑发深眼窝的哥们，比我小半岁，在我的工作启发下决定投入量子力学的研究，他使我感受到了一种强烈的竞争压力。

然而这一年，一个奥地利人的工作让我感受到了一种从天堂到人间的落差。他叫埃尔文·薛定谔（Erwin Schrödinger），和玻恩教授年纪接近，是位风流倜傥的大叔，在苏黎世大学任教。上帝真是爱开玩笑，当年爱因斯坦提出光子假说的时候，玻尔教授不是很接受，所以在他的旧量子理论里还是习惯用经典的电磁波，没有在乎它的波粒二象性。而一位法国贵族路易斯·德布罗意（Louis Victor de Broglie），郎之万的学生，在1924年提出了一个疯狂的想法——将波粒二象性推广到了所有粒子当中。电子的波动性在1927年得到了实验证实，但1926年薛定谔教授就大胆地用波来描述电子，让原子中的电子成为在原子核库仑作用束缚下的一个波。他的理由是我们的矩阵力学太难懂，想自己构造一个直观的量子力学，于是他注意

图3-10　保罗·狄拉克

到了波粒二象性，而我们哥廷根这帮人谁都没有注意到。

我知道海森堡的理论，但我不是很容易接受，也不排斥，因为里面代数用得太多，缺少直观性，理解起来很困难。

——薛定谔，1926年

薛定谔在这一年发表了他的波动方程：ih dψ/dt=Hψ，一个极其简单的形式。我怀疑他是用平面波代入来反推出这个形式，然后假定这个形式对所有的物质波都成立。我一开始也不太接受他的方程，甚至在给泡利的信里写了很悲观的话。

我越想薛定谔理论里的微分方程，越觉不愿接受。薛定谔强调的直观性可能不对，或者说毫无价值。

——海森堡1926年写给泡利的信

图3-11　埃尔文·薛定谔

没想到薛定谔用他的方程解出了氢原子能级！获得了和我们矩阵力学一模一样的结果。玻恩教授随后认为薛定谔的波函数的模平方可以解释成电子的概率分布。这下子物理学界像追赶潮流一样，开始狂捧薛定谔的波动力学。因为和我们的矩阵力学相比，他的方程太容易被物理学家们接受了！我悲哀地发现在乎我的工作的人越来越少，他们都把薛定谔当成了量子力学之父。

这一年的春天，我离开了哥廷根，离开了玻恩教授和内向的帕斯卡·乔丹，前往我第三个老师，也是我一生的恩师玻尔教授那里做助教。没错，他就是那位巨人，我站在他的肩膀上开创了量子力学。我们真是命中注定的一对师徒，随着泡利的到来。从那一天起，哥本哈根成了量子力学的中心。

玻尔教授的风格真是雷厉风行。他一直关注着我们在哥廷根的矩阵力学，一直给予我支持。于是当薛定谔方程横空出世的时候，他要弄懂我的矩阵力学和薛定谔的波动力学到底是怎么一回事，为什么都能得到合理的结果？他马上把薛定谔请来了哥本哈根。不顾薛定谔发着高烧，在床前和他讨论，真是疯狂。玻尔教授满嘴的态，薛定谔满嘴的波，乍听上去真是鸡同鸭讲。

薛定谔回去后，终于发现了他的波动力学和我的矩阵力学是完全等价的，一个是态随时间变化而力学量不变，另一个是力学量随着时间变化而态不变。区别就是随时间变化的因子 $\exp(iHt)$

是写进我的力学量算符里，还是写进他的波函数里。

1927年，我们在哥本哈根的主要工作是给量子力学建立一个严格的逻辑体系。泡利用波函数的反对称性质重新建立了他的不相容原理。在海峡的另一边，狄拉克整理着我和薛定谔的工作，提出了态矢量、算符、相互作用表象等诸多概念。他成了建立起一套完整的量子力学体系的领头人。

而我在读他们的论文时，一直在思考量子力学的基本原理。考虑波粒二象性，那么对于一个平面波 $e^{-2\pi i(px-Et)/h}$，非对易关系 $[x, p]=xp-px=ih$ 自动满足。是非对易关系直接来源于粒子的波动性吗？我发现了他们之间存在一个原理作为桥梁，该原理是非对易关系的直接推论，亦是粒子波动性所导致的一个必然结果，这个原理就是测不准原理（uncertainty principle）。

玻尔教授一直信奉互补原理，即一个物理系统要靠两个互补的力学量来描述。而我的测不准原理刚好是这对互补力学量之间的关系，如坐标和动量 $\Delta p \Delta x \geq h/2$，时间和能量 $\Delta E \Delta t \geq h/2$，即你不可能同时知道坐标和动量的精确值，也不可能同时知道时间和能量的精确值。

测不准原理作为我们"量子力学的哥本哈根诠释"的一部分，遭到了很多物理学家的反对，包括我们这一代人的偶像爱因斯坦。玻尔教授极力地维护着我们诠释，他和爱因斯坦多年的论战也就此开始。

1927 年的索尔维会议就是量子力学的庆功宴，物理学界的大牛们悉数到场。会议结束时我们的合影堪称经典，第一排坐着普朗克、居里夫人、洛伦兹、正中间的爱因斯坦和郎之万等人，第二排坐着狄拉克、康普顿、德布罗意、玻恩、玻尔等人，第三排站着薛定谔、泡利等人，还有我。物理学史上恐怕难以找到第二张这样牛的照片了。

我们认为量子力学是一个完整的理论，它的物理和数学基础假设已经不会轻易改变。

——海森堡和玻恩，1927 年索尔维会议论文

图3-12　1927年索尔维会议全家福

四、激情岁月

　　1927年的索尔维会议上，我们在谈论物理之余也会谈一些其他的事情。人总是容易和年龄相仿的人有共同话题。比如玻恩和薛定谔一直凑一起一边喝威士忌一边回忆第一次世界大战。因为他俩在一战时都是同盟国的军官，玻恩效力德意志帝国，薛定谔效力奥匈帝国。我们一帮20多岁的年轻人当然也凑在一起，谈论一些有趣的事。

　　爱因斯坦和普朗克他们的宗教观都是大众们感兴趣的话题，我们也不例外，几个年轻人互相谈论着这两位老先生心中的上帝。普朗克先生出身于神学世家，属路德宗，或许在他的心里发现这个世界的奥秘才是走近上帝的途径。而爱因斯坦曾说自己信奉的是斯宾诺莎的上帝（Spinoza's God），这是一种泛神论（pantheism）的观点，认为上帝就是这个宇宙本身，就是主宰一切的自然规律，因此他极力反对人格化的上帝，也未跟任何教会有瓜葛。爱因斯坦的观点总是被公众误读，无神论者鼓吹他是无神论（atheism）的代言人，因为在有神论（theism）者眼中泛神论更接近于无神论。可是那些有神论者却鼓吹老爱是信奉宗教的，因为他总用"上帝"这个词。不过最近从他在各种场合的讲话中看出，我们的榜样老爱倾向于一个最谦虚稳妥的观点——不可知论（agnosticism）。玻尔老师的观点呢？我们不太清楚。

不过我越来越感觉到因为量子力学，哲学家般的玻尔老师开始思索这个世界的真实性，在我和泡利眼中他越来越有些走火入魔了。

我们几个年轻人像做游戏一样，每个人轮流表达自己的宗教观。令人吃惊的是，沉默寡言的狄拉克这时居然滔滔不绝、语出惊人，他竟然是一个激进的无神论者。以下是我记录下来的他的话："朋友们，我不能理解为什么我们要谈论宗教呢？如果我们诚实——科学家必须诚实——我们必须承认宗教是一团乱七八糟的论断，并没有建立在现实的基础上。上帝不过是人想象的产物。原始人类比今天的我们存在更多对自然力量的恐惧，所以爱把这种力量人格化，这很好理解。但是今天，我们知道了这么多的自然规律，不再需要这种人格化了。我并没有发现这种假设存在的上帝对我们的生活有过什么帮助。我亲眼看到的是，这个假设会导致我们去问为什么上帝允许这么多的吝啬和不公，这么多的富人剥削穷人，这么多原本他能制止的恐惧会产生等这样的问题。如果宗教还能用于说教，并不因为我们相信，而是因为它能让老百姓保持敬畏和安静，而这样安静的老百姓是容易被管理的——不会抗议和不满的人，更容易被剥削。宗教是一种鸦片，能让一个国家进入一种梦境，忘却种种对人民的不公。因此两个最强大的政治力量——政府和教会——之间会合作，它们彼此都需要这样的幻境——那些没有反对不公、保持安静和不抱怨的老百姓得到上帝的慈悲奖赏，不在地上也是在天堂上。这就是为什么'上帝只是人类想象出的产物'这样一个诚实的论断，会被打上一个最糟糕道德原罪的烙印。"

狄拉克的思想看来是没少受到尼采、费尔巴哈和马克思等人的影响。我很想反驳他这种激进的观点，但是一时不知道该说什么，找不到突破口，算了，保持沉默吧。大家也都被一下子说懵了，保持着沉默。最后轮到了

图3-13　1927年的海森堡

泡利发言，这位老兄晃着他那大脑袋笑嘻嘻地说："好，我不得不说咱们的朋友狄拉克自己创立了一个宗教，这门宗教第一条就是：上帝并不存在，保罗·狄拉克是他的先知。"在场的各位都憋不住了，开始大笑，包括狄拉克自己。

1927年，我得到了莱比锡（Lepzig）大学终身教授的职位，成了全德国最年轻的教授。告别了哥本哈根，我开始学着像索末菲老师、玻恩教授、玻尔老师一样建立自己的团队，希望把莱比锡变成继哥廷根和哥本哈根之后世界上另一个理论物理的中心。因为对狄拉克深奥理论的头疼，我跟泡利说先做点其他小工作。很快，我用他的不相容原理建立了铁磁体的理论。

不得不说在1928年，我们的狄拉克先生真的成了一个先知。如果说1925年属于我，1926年属于薛定谔，1927年属于我们大家，那1928年只属于狄拉克。他在这一年发表了结合狭义相对论的量子力学方程——狄拉克方程。

因为最早的相对论性量子力学方程是大数学家克莱因和他的学生高登提出的"克莱因－高登方程"，不过是把薛定谔方程里的自由粒子哈密顿量 H 变为狭义相对论的自由粒子哈密顿量 $\sqrt{p^2c^2+m^2c^4}$，再把两边平方一下，变成波函数对时间、空间均做二次求导。这个简单的方程存在两个难以解决的问题——负能量和负概率。

狄拉克开始从另一个角度构建相对论性的量子力学方程。他首先让方程中波函数对时间和空间均做一次求导，这样导致动量算符前的系数和能量算符前的系数只能用矩阵来表示——两个 4×4 矩阵，其中的 2×2 对角单元均为泡利当年描述不相容原理时所用的三个 2×2 矩阵。这样波函数就必须有分量，在耦合了电磁场之后，会使粒子出现一个 $1/2$ 的角动量——自旋。

狄拉克用了最简单 4×4 矩阵，所以他的方程描述 $1/2$ 自旋的粒子。在那个时候我们不知道原子核里具体都是什么，只知道核外的电子具有自旋，因此他的理论完美地描述了电子，在理论上完美地解释了电子自旋的起源。他的方程中不再有负概率，但是存在负能量，于是他把负能量解释为一种和电子质量相同、电荷相反的粒子，认为它是电子填满负能海中的空穴。

那一年，狄拉克又做了另外一个重要工作，将电磁场进行了量子化，就是粒子数作为最基本的本征态，将波函数作为算符，史称二次量子化。很快，帕斯卡·乔丹和另一位来自匈牙利物理学家维格纳（Eugene Wigner）用反对易关系将狄拉克方程也进行了二次量子化，该电子场描述相对论的情况下数量不再守恒的电子。这两个工作把非相对论性的量子理论推广到了相对论性多粒子体系，这个遍布空间的波函数让我回忆起了1926 年我、玻恩和帕斯卡·乔丹把经典力学中的场论解释成谐振子集合的工作。原来每一个粒子都是一个遍布空间的场的激发态。根据我的不确定原理，在一个动量和能量确定的本征粒子数态上，该粒子的波函数是遍布全时间空间的。

于是，我拉着兄弟泡利开始做量子场论的基础工作。我们在1929年和1930年的两篇文章总结了狄拉克对电磁场的量子化以及乔丹和维格纳对电子场的量子化，把它推广到了所有的粒子，建立了量子场论的基础，也避开了狄拉克负能量海的困难。

经典力学描述宏观低速的世界，相对论描述宏观高速的世界，量子力学描述微观低速的世界，于是量子场论描述的就是微观高速的世界。根据对应原理，前三者都应该是量子场论在不同情况下的近似。量子场论将成为量子力学之后的物理。

量子力学的建立让德国的基础科学在一战后重新崛起。再次成为世界的科学中心。全欧洲、大洋彼岸的美国，甚至亚洲的中国、日本和印度的青年学子们纷纷前来学习和访问。泡利在苏黎

图3-14　玻尔、海森堡和泡利

图3-15 *费米、海森堡和泡利（1930）*

世联邦理工学院做教授，我和他经常和玻尔老师
聚会讨论问题，也一直与哥廷根的波恩教授和帕
斯卡·乔丹保持联系。偶尔我们也会去慕尼黑探
望索末菲老师。

　　我们还认识了一位新朋友叫恩里克·费米
（Enrico Fermi），和我同岁的他已成为意大利当
时最出色的物理学家。在理论上他和狄拉克各自
独立做出了自旋半整数（如1/2）粒子的统计规律，
和自旋整数的玻色－爱因斯坦统计相对应，因此
大家都把自旋半整数的粒子称为"费米子"，把
自旋整数的粒子称为"玻色子"。但是这家伙和
我们最大的不同是他还是个实验高手。

图3-16　海森堡和狄拉克访问芝加哥大学、二排左一为康普顿

爱因斯坦先生一直对量子力学的完备性产生着疑问，尤其是我的"测不准原理"。这段时间他和玻尔老师还是在一攻一防地辩论着。在这场辩论中薛定谔站到了爱因斯坦一边，用薛定谔猫质疑量子态的概率叠加。其他人静待结果，只有我帮着玻尔老师捍卫着我们的哥本哈根诠释。

量子力学很成功，但并没有让我们对"上帝"他老人家的理解更进一步。我确信他老人家是不掷骰子的。

——爱因斯坦写给玻恩的信，1926年12月4日但是在1928年爱因斯坦先生还是提名我、玻恩和帕斯卡·乔丹为诺贝尔奖候选人，这是我莫大的荣幸。

1929年我和狄拉克开始了一次环球旅行，向全世界讲授量子力学。和他一块儿旅行真是有趣啊。我们先到美国的几个城市，然后到了日本。在那里我们分道扬镳，他去了中国和印度，最后从海路返回英国。我去了苏联，坐火车横跨它广阔的国土返回德国。

说实话，我真不太喜欢和狄拉克合影。这家伙比我高出半头，让我相当有压力啊。我记得在旅行中非常有趣的一件事。在轮船上，我们两个单身男人参加了一个甲板舞会，我和姑娘们高兴地跳着舞，他却很不情愿地问我："咱们为什么要跳啊？"

"这些姑娘不错啊，干吗不跳呢？"我回答。

"可是，海森堡，你跳之前怎么能知道这些姑娘不错呢？"

囧，他每次都把我弄得不知道该怎么答。

图3-17　狄拉克与海森堡

图3-18　海森堡和他的小组（1930）

在莱比锡的日子，我招收了几位非常优秀的孩子们读我的博士和做我的助教，尽管他们年龄看上去像我的几个弟弟。这其中有后来成就非常高的费利克斯·布洛赫（Felix Bloch）、维克多·韦斯考普夫（Victor Weisskopf）等人，也有很有政治野心的爱德华·泰勒（Edward Teller）。

1930 年，我的父亲去世了，这是我今生最大的遗憾。如果父亲再多活 3 年，他将会看到我站在诺贝尔奖的领奖台上，他将会为他的儿子感到骄傲。

1933 年，我人生最值得纪念的时刻。诺贝尔奖委员会决定将拖欠的 1932 年诺贝尔物理学奖授予我一个人，1933 年的诺贝尔物理学奖授予薛定谔和狄拉克两人，以表彰我们创立了量子力学。

这一天我等了很久，我认为诺贝尔奖委员会给了我一个公正的结果。物理学界推崇波动力学而忽视矩阵力学的事曾让我很苦恼，玻恩和薛定谔的私交甚密，对我的冷落也曾让我们师徒关系产生些隔阂。只有玻尔老师和泡利一直给予我支持。泡利不止在一个场合评论我在量子力学创立者当中的地位。他的评论打个比方，就是说如果把量子力学比喻成一位绝美的姑娘，我海森堡才是她第一个男人，尽管薛定谔是她的最爱，最后狄拉克却成了她的老公。

图3-19　1933年诺贝尔物理学奖得主与家属，从左至右依次为海森堡的母亲、狄拉克的母亲、薛定谔的夫人、狄拉克、海森堡、薛定谔

五、二战风云

在我获得诺贝尔奖的那一年，也就是 1933 年 1 月，希特勒竞选获胜，成为总理，纳粹党开始执政，奥地利不久并入了德国，德意志正在悄悄地发生变化。这个国家尽管有非常多的诺贝尔奖得主，我却是最年轻的一个。作为莱比锡大学理论物理的唯一教授，我的队伍也不断地发展壮大。作为量子力学的最早创始人，我不断地被邀请到世界各地进行讲学。然而这时，纳粹党徒开始对犹太人下手了。

犹太人，作为一个被罗马帝国从中东驱赶到欧洲，最后流浪到世界各地的民族，在智慧上有着其他民族难以比拟的优势。他们顽强、聪明，可以不信耶稣。他们是天生的商人和投机者，生活富足却饱受歧视。他们的财富使子女们获得了远高于欧洲平均水平的教育，于是培养了众多学者，尤其是理论物理学家。普朗克、爱因斯坦、索末菲、玻恩、玻尔、薛定谔，还有泡利，尽管他们血缘中可能融入了很多其他民族的成分，但他们都是在典型的犹太家庭中长大，都可以称作是实实在在的犹太人。

我不明白希特勒为什么这么仇恨犹太人，在他上台以后居然颁布了一系列法令来限制犹太人在德国的权益，发动媒体攻击犹太人，把他们当二等公民对待。

约翰内斯·斯塔克（Johannes Stark），曾经发现原子在电场中光谱频移效应而获得过诺贝尔奖的老家伙，居然在报纸上撰文声称相对论和量子力学都是犹太人的物理学，大肆攻击。普朗克先生年事已高，而且曾经位高权重，盖世太保们还不敢动他。爱因斯坦则不然，他十几岁便离开慕尼黑去了意大利，后来在瑞士成长并接受教育，提出相对论和光量子假说，在功成名就后才被普朗克先生请回柏林。从某种意义上说，这位 21 世纪最伟大的物理学家连半个德国人都算不上，但却是个犹太人，于是他成了众矢之的。

图3-21 约翰内斯·斯塔克

爱因斯坦被逼走了，远赴普林斯顿高等研究院。同样在柏林，刚刚接替了普朗克职位的薛定谔也被逼走了，去了爱尔兰。在哥廷根，玻恩教授也被逼走了，去了英国（帕斯卡·乔丹不是犹太人，这个愤青果然不出我所料，加入了纳粹）。泡利去了普林斯顿大学。在德国的犹太裔物理学家们基本都被逼走了，何去何从成了我的问题。美国的哥伦比亚大学和芝加哥大学聘请我去做教授。在慕尼黑，即将退休的索末菲老师一心想让我接替他的职位。虽然我是日耳曼人，却和这些犹太物理学家们关系太过紧密，在那帮人眼里，我就是个白色犹太人（white Jews）。我该怎么办？

是和大家一起逃，还是留下来接受这暴风雨的考验？我选择了后者，因为我不能允许斯塔克这样的家伙如此祸害我的祖国，我要和他拼了。犹太物理学家被迫离去等于毁掉了德国物理学的半壁江山。

就这样，我被党卫军（SS）的头子希姆莱（Heinrich Himmler）抓起来审问。凭借我母亲和他母亲的私人关系，以及我诚恳的为德意志第三帝国效忠的态度，经过1年的考察，我没有被驱逐，但是被告知不允许去慕尼黑接替索末菲老师的职位。

海森堡是一个人群的例子……这群人身在德国心在犹太，必须像犹太人一样被驱逐出去。

——《党卫军日报》，1937年

老师和朋友们的相继逃亡，纳粹对我管制和怀疑，让我经历了人生最低潮的几年。在这个时候，我结识了一生的挚爱，伊丽莎白·舒马赫（Elisabeth Schumacher），一个比我小14岁的姑娘，是莱比锡大学的学生。这些年为了物理学，我似乎远离了爱情，直到她的出现。是她陪伴我度过了人生最艰难的那段时光。我们很快相爱并在1937年结婚，从此她的名字变成了伊丽莎白·海森堡（Elisabeth Heisenberg），成了我的妻子。1938年她为我生下了两个孩子——是对双胞胎。泡利在信中恭喜我说这是个伟大的"pair creation（对产生）"。

　　在这个风雨飘摇的20世纪30年代，物理学还继续发展着。自量子力学被我们创立之后，原子系统已经被它解决得很清楚了，我们开始向原子核进军，去探索这个世界更深层次的奥秘。剑桥大学的著名实验物理学家，卡文迪许实验室主任卢瑟福教授（Ernest Rutherford）自1912年发现

图3-21　海森堡和夫人伊丽莎白（1937）

了原子核式结构后（即玻尔旧量子论的出发点，玻尔老师曾在卢瑟福手下工作过），1918 年又发现了质子。1932 年他的学生和继任者查德威克（James Chadwick）发现了中子，他们师徒和狄拉克几乎代表了当时英国物理学的全部。狄拉克曾担心自己变得太出名，不想和我们一起去领 1933 年诺贝尔奖。卢瑟福劝他说如果这么做会让他变得更出名，于是狄拉克去了。

查德威克的小组和居里夫人的女儿女婿的小组所做的一切实验结果都表明，原子核里只有质子和中子两种粒子，于是我大胆地假设原子核就是由这两种粒子组成的，并且相信他们之间的相互作用能够由量子场论来描述。1932 年我引入了一种同位旋的概念来描述原子核内质子和中子间的对称性。1935 年日本物理学家汤川秀树（Hideki Yukawa）在这个基础上提出了第一个核力的量子场论模型，质子和中子间作用力靠介子传递。1937 年维格纳提出了"isospin"（同位旋）这个词和它的 SU（2）对称性。值得一提的是维格纳把他的妹妹嫁给了狄拉克，也许是妹妹崇拜哥哥的智慧，没办法，当哥哥的只能给她介绍一个比自己还强的物理学家。

原子核物理学和政治看似并行不悖地发展着，

但是我的故交恩里克·费米在意大利做的实验改变了这个局面。费米是我们这一代人里少有的实验和理论兼修的全才。他除了和狄拉克独立提出了半整数自旋粒子的费米－狄拉克统计之外，1934 年他在泡利的中微子理论基础上提出了 β 衰变的费米理论。在人工放射性被发现后不久，他实验演示了几乎所有元素在中子轰击下都会发生核变化，并能用重水里的氘原子核使中子速度减慢。费米的妻子是犹太人，他自然也受到牵连。为了躲避墨索里尼政府的迫害，他在 1938 年领取诺贝尔奖之际逃往了美国。后来我们才知道，他的离去是对轴心国的最大损失。

1939 年，迈特纳夫人（Lise Meitner）、哈恩（Otto Hahn）和斯特拉斯曼（Fritz Strassmann）发现了原子核的裂变现象，并发现核裂变同时伴随着巨大能量的释放。一个可怕的概念出现了——核武器！

迈特纳夫人是犹太人，她先后在荷兰和哥本哈根玻尔教授那里躲避纳粹的迫害。而哈恩和斯特拉斯曼是土生土长的德国人，他们自然而然地担负起了制造核武器的任务，同时纳粹委派我去在理论上指导他们的工作。哈恩比我大 22 岁，他和爱因斯坦是同龄人。那个时候他是威廉皇家学

图3-22　第二次世界大战战争期间的海森堡和哈恩

会化学研究所的所长，我是威廉皇家学会物理研究所的所长。没错，从那一天起我海森堡和哈恩就成了纳粹核武器计划的领导者。

　　1939 年我的祖国，由希特勒的纳粹党执政的德国，开始闪电入侵波兰，战争就这么残酷地展开了。曾经在莱比锡，一个叫周培源的中国人慕名来跟我学习量子理论，他来了之后我的乒乓球水平从全校第一变成了第二。他经常向我们讲述着他的祖国在日本人的残酷侵略下殊死抗争的故事。没想到这么快，我的祖国也开始残酷地侵略别人，而我们没有丝毫的负罪感，因为一战失败的伤痛一直伴随着和我们这一代人，西边的法国和东边的波兰处处为难我们，让我们食不果腹。因此，这场战争我们起初的目的只有一个——复仇！

英法开始对我们宣战，昔日的好友成了敌对国。我和泡利、狄拉克、薛定谔、玻恩、查德威克等人就此断了联系。我们很快和苏联人瓜分了波兰。苏联人在卡廷森林杀尽了波兰精英并嫁祸给我们。希特勒尽管极力反犹，但是这几年的治理使德国的经济实力和国际地位高速增长，受到大家的支持。相比之下，斯大林更像是一个魔王，他上台后残害的忠良不计其数，连玻尔老师和玻恩教授的得意门生朗道都未能逃脱他的魔掌。

第二次世界大战就这样全面地开始了！披上这身军装，民族自豪感油然而生。我们的军队3天占领丹麦，4天攻下荷兰。比利时人很快屈服并为我们开路，德意志帝国的装甲部队就这样绕过马其诺防线，在法国境内长驱直入，两个月就征服了整个法兰西。《凡尔赛和约》的阴影在巴黎上空烟消云散，我们实现了复仇。整个欧洲大陆的残余抵抗力量都逃到了英国，凭借那小小的海峡负隅顽抗，胜利对我们来说指日可待。

那时，我们还不知道欧洲的犹太人正被我们的军队残忍地屠杀着。墨索里尼的意大利是我们的盟友，尽管战斗力不值一提。西班牙的弗朗哥对我们言听计从。瑞士银行为我们洗着战争的黑钱，东欧斯拉夫人的那些地盘被我们逐个占领。欧洲大陆只剩下另一个强大的国家——苏联，在我们的控制之外。

我始终不明白希特勒在 1941 年为什么要去突袭苏联，难道是胃口太大，对它那广袤的土地和丰富资源垂涎已久？但既然战争开始了，我们日耳曼人就要全力以赴，让整个欧洲都成为德意志的天下。复仇的快感、膨胀的民族自信心渐渐地扭曲了我们的灵魂。

在常规武器主导的战场上，我们似乎无坚不摧。但是美国人也在研究着核武器，称为"曼哈顿计划"，跟我和哈恩领导的研究组在竞争着。

图3-23　第二次世界大战期间的铀俱乐部，后排左五为海森堡

他们的阵容看上去更为强大：主负责人奥本海默（J. Robert Oppenheimer），是我离开哥廷根后，玻恩教授的一个博士。我不太喜欢这家伙，因为在同位旋理论上他处处刁难我，这回他直接成了我的战争对手。"曼哈顿计划"理论部分负责人汉斯·贝特（Hans Bethe）是索末菲老师的学生，也就是我的师弟，一个很强的家伙，因为犹太人的身份而逃往美国。还有我在莱比锡的得意门生费列克斯·布洛赫和爱德华·泰勒，布洛赫也是因为犹太人的身份而被驱逐。据说天才数学家冯·诺依曼（John von Neumann）也加入了他们的理论部，后来我知道他们中间还有一个叫费曼（Richard Feynman）的天才。"曼哈顿计划"实验部分负责人果然不出我所料，是费米！当然，实验物理学家安德森（Carl D. Anderson）等人也参与了某些秘密武器的研制，就是他在 1932 年发现了正电子，验证了狄拉克方程。

现在我确信战争会远在原子弹研制出来之前就结束。

——海森堡，1939 年的言论集

我们核裂变能源和武器的计划被称为"铀俱乐部"。在一次次计算核裂变速率和一个链式反应炸弹所需要的放射性铀 -235 时，我常常反问自己究竟是为了什么？作为一个长者，哈恩一直潜移默化地暗示我他的想法——战争该早些结束！哈恩用他的权力留住了很多犹太人化学家在他的研究所工作，他告诉我说无论战争多么残酷，我至少应该肩负起保留德国物理学青年人才的责任，不让他们白白地到战场上送死。

每周我都要往返于柏林和莱比锡之间，管理着我们的计划。我们希望能抢得先机，在美国人之前造出核能设备和核弹，这样美国人就不敢参战，

苏联人和英国人会很快屈服,战争就会很快结束,更多的生命会存活下来。

　　1941年9月,经过层层审核,纳粹终于同意我去哥本哈根讲学1周。我当然有一个更重要的任务在身——拉拢玻尔老师,为我们的队伍添上最重要的一个大人物。玻尔老师和我情同父子,在量子力学创立的过程中他曾是我们这帮年轻人的领袖。我来到了哥本哈根大学,那熟悉的小楼、熟悉饭厅、熟悉的海水和阳光。不同的是,我已经进入不惑之年,玻尔老师也年近60,而他的祖国丹麦正被我的祖国的军队占领着。

　　那天晚上,我又来到了玻尔老师家中和他长谈。我期望有如当年我们讨论量子力学那样的长谈,但是时间再也回不去了。玻尔老师表情凝重,

图3-24　1941年,海森堡和夫人伊丽莎白访问哥本哈根

因为我的祖国侵略了他的祖国，在全欧洲大肆地迫害着犹太人。我告诉玻尔老师我们的坦克已经兵临莫斯科城下，征服苏联指日可待，英国也快被我们炸平了，欧洲再没有力量能抵挡我们。您现在有两个选择，最好的选择是让这场噩梦般的战争早些结束少死点人，那您就应该加入我们，研制出核武器，这样战争就会很快结束了。玻恩教授走的时候我也被牵连，没有能力保护他，但是我现在身居要职了，我会用我的身份保护您，以及其他的犹太物理学家。尽管爱因斯坦和薛定谔都走了，柏林还有您的故交普朗克先生和冯·劳厄（普朗克的学生，因发明 X 射线衍射技术获得 1914 年诺贝尔物理学奖）。第二个选择是您可以通过英国人给奥本海默他们捎个话，让咱们双方都怠工，不造出核武器，这样战争会慢慢拖下去，但也会少死些人。

玻尔老师非常不快，他知道我此行的目的还想要从他这里拿走同位素分离的小加速器，一心要为德国搞出核武器。很显然，第二条路走不通，我们和美国人互相都不会信任对方，至少在他们眼里，希特勒是个混世魔王，而美国的经济命脉被犹太人把持着。

玻尔老师告诉我说，我们只谈物理，不要谈这该死的战争。这场战争对于你们德国人是复仇般的宣泄，对我们丹麦是彻头彻尾的灾难，我不会选择与侵略者合作。我诚恳地告诉玻尔老师，我和伊丽莎白不敢想象我们的孩子像我小时候一样饱受战争失败的折磨，我希望德国获胜，越快越好，因此我会全力以赴地为国效力，发展核能和核武器。

我们的谈话不欢而散，很多年后双方都不愿提起这一晚。我没能拉拢到玻尔老师，但还是想方设法地在盖世太保满哥本哈根抓捕犹太人时保护他。但出乎我意料的是，不久玻尔老师就在当地反抗组织的协助下逃跑了，去了美国，加入了费米和奥本海默他们。我的信心受到了非常大的打击，

图3-25　曼哈顿计划中的几位物理学家，左起玻尔、奥本海默、费曼、费米

感觉到我的老师、朋友和学生们都背离了我，去了美国人那边。

1942年冬天，我们的军队在苏联遭到了前所未有的失败，苏联人保卫住了斯大林格勒和莫斯科，开始向我们发动反击。同年，日本偷袭珍珠港惹恼了美国人，这个工业第一大国终于参战了，二战的天平开始倾斜。我不敢想象一旦我们和美国人都有了核武器，世界将变成什么样？是不是双方要同归于尽？

德国这边，我明显看到哈恩开始怠工，他用我们经费来裂变周期表上各种各样原子，而不是只钻研基于铀–235的核武器。我慢慢地说服他，让他和大家都相信我，但是我做的初步计算结果发现，要产生核武器的链式反应，至少需要几吨的铀–235，这在当时是不可能搞到的，美国人也搞不到。于是我长舒一口气，认为这个世界得救了。我没有检查我计算的结果，而是向希特勒他们直接汇报说核裂变只能作为核能，不适合做炸弹。

1944 年，我们在欧洲战场东西两线都遭受了失败，盟军在诺曼底登陆，让我们腹背受敌。曾经占领的地方在不断地丧失，意大利这个不争气的盟友很快就投降了。柏林上空被盟军惨烈地轰炸着，苏联人也推进到了离莱比锡只有几百千米的地方，伊丽莎白和孩子们的处境很危险，我不能再待在这里了！我向哈恩他们匆匆道别，骑着自行车开始往南赶，一路上风餐露宿，看着我的祖国到处是被轰炸的痕迹，一片狼藉。

在路上，我被疯狂的士兵劫了下来，枪口正顶在了我的胸口上，因为我穿着军装，被当成了逃兵。我掏出自己的通行证，却被他们扔在一边，我的性命拴在了他的扳机上。如果这个混蛋手指动一下，我就会像马约纳（意大利天才理论物理学家，费米曾经的助手，后来跟随海森堡短期工作过）那样神秘地人间蒸发，尸首无存。

没想到我口袋里的那包美国香烟救了我的命，我递上它，这帮当兵的就放我过去了。在这个残酷的战争年代，你的性命也许只值一包烟，他们不会知道眼前的人是海森堡，也不会去关心，战争失败的阴影笼罩着每个人。我逃回了莱比锡，将伊丽莎白和孩子们转移到了慕尼黑附近的一山区个小村庄，过起了短暂的田园生活，我等待着审判的到来。

1945 年 4 月，德国战败，希特勒自杀，我的祖国被美英法盟军和苏联红军瓜分成大大小小的势力范围。1945 年 5 月，我在家中被一小队英国特种兵静静地带走，俘虏去了英国。我和哈恩等参与纳粹核计划的重要人物人都被关在了这里。他们记录着我们的谈话。

1945 年 8 月初，美军在日本的广岛和长崎上空投下了两颗核弹，我们所有人都震惊了。哈恩他们质问着我的计算结果，我才知道自己出现了一个失误，没有计算中子扩散率，因此大大夸大了所需要的铀 –235 的重量。

我重新计算一次，发现只需要几千克。后来我才知道，费米他们还造出了钚核弹，美国人赢了，用这两个小炸弹瞬间消灭了上百万日本人。哈恩情绪出现了崩溃，说我是个二流的家伙，一流的家伙不会出现这种错误，然后为自己是原子核裂变的发现者而深感罪恶，不能自拔。今天核弹屠杀了这么多人，明天不知道又要屠杀多少。我却有些暗自庆幸，如果我那时计算对了，被毁的可能不仅仅是广岛和长崎，而是柏林、伦敦、巴黎、莫斯科……甚至整个欧洲。

　　二战结束了，我们又一次成了战败国。我回到德国，和伊丽莎白以及孩子们在慕尼黑开始艰难的战后岁月。一切都变了，我们再也回不到战争之前了。

六、崭新时代

1945 年年底，诺贝尔奖委员会决定把诺贝尔化学奖授予哈恩。这本是他应得的荣誉，却因为在我们战败的那一年给他颁奖显示出莫大的讽刺。莫非由于哈恩的主动怠工使德国没有造出原子弹的行为正符合诺贝尔辞世前留下这笔奖金的初衷？反正毫无疑问的是，奥本海默和诺贝尔奖是彻底无缘了。

1946 年 1 月，英国人把我们释放回了德国。我的祖国此时被一分为二，苏联人占领了东北部几个州，包括莱比锡、德累斯顿这些大城市，还有大半个柏林城，这部分成了民主德国。美国人和英国人占领了西北部和南部这几个州，包括慕尼黑所在的巴伐利亚，哥廷根所在的黑森州以及鲁尔区所在的德国工业中心，这部分成了联邦德国，我自然成了联邦德国的公民。

我们开始重建这个战后满目疮痍的国家。威廉皇家学会从柏林迁到了哥廷根，哈恩接替普朗克先生成为该学会会长。普朗克先生于 1947 年去世，为了纪念威廉皇家学会正式更名为马克斯·普朗克学会。我又重新成为该学会物理研究所的所长，领导着战后德国物理学的重建。

美国赢得了战争，伴随着大量参与曼哈顿计划的物理学家们重新回到大学和各类研究机构，世界物理学的中心已经转移到了他们那里。在美国

学术会议上，那些物理学家们似乎都不愿意再和我握手，因为他们觉得我领导了纳粹德国的原子弹计划，是罪人。可是真正双手沾满鲜血的人是他们这些参与"曼哈顿计划"的人，广岛和长崎的几十万条生命的瞬间结束可都是他们的功劳。

费米、贝特和奥本海默他们重新领导着美国的物理学，培养着新一代的物理学家。于是狄拉克、帕斯卡·乔丹、维格纳，以及泡利在1930年代初建立的量子场论的基础被美国的物理学家们发展到了一个崭新的阶段，开始用于描述各种基本粒子和它们之间的相互作用。描述电磁相互作用的量子场论——量子电动力学（QED）在1949年已

图3-26 海森堡、冯·劳厄和哈恩（由左至右）在二战结束后不久

经被费曼、施温格（Julian Schwinger）、朝永振一郎三人所完善。

费曼和施温格两个美国人在 QED 之外又做出了很多重要贡献。费曼，一个天生的乐观派，极富幽默感和偶像魅力的物理学家，用它天才的思维建立了我的矩阵力学和薛定谔的波动力学之外的量子力学第三种形式——路径积分。施温格更像是泡利的接班人，不但更加完善了自旋 - 统计定理，并且领导证明了量子场论的 CPT 定理，即量子场论里的拉格朗日密度在 C（电荷反演）P（空间反演）T（时间反演）联合变化下保持不变性。最后朝永振一郎这个日本人，曾是汤川秀树的同学，居然独自在战后的日本和费曼以及施温格同时做出了 QED 微扰理论的重整化，这个民族真是足够可怕。

而我们这些老人似乎在慢慢离开物理学的中心舞台。我们的上一代物理学家已都步入晚年。爱因斯坦先生在普林斯顿享受着他宁静的思考。玻尔教授和玻恩教授已经桃李满天下，开始安度晚年。薛定谔将兴趣转移到了生物体的微观结构上，写下了脍炙人口的《生命是什么》。经过岁月的洗礼和战争的折磨，他们已无力在物理学的前沿领域上和年轻人一起拼杀。

而我、泡利、狄拉克，还有费米刚过半百，似乎还能贡献一点余热。1950 年泡利获得了诺贝尔物理学奖。这是对他的贡献的一个迟来的表彰。从他发现不相容原理，到用量子力学的波函数反对称性解释这个原理产生的原因，到在狄拉克方程的基础上完成了自旋 - 统计定理的证明。他一生的贡献都和"自旋"密切相关。我开始了和泡利在战后的首次合作。我不止一次地向他提到说："哥们儿，咱需要再做出一些物理学上里程碑式的成果，不然就会被这些后辈给赶上了。我有一些好主意，把量子场论中拉格朗日密度里的相互作用项改成非线性形式，看能不能建立起一个能统一量子场论和广义相对论的新模型。"

图3-27　泡利的诺贝尔物理学奖颁奖典礼，前排从右二到右七依次为海森堡、拉曼、泡利、玻尔、玻恩、爱因斯坦

　　20世纪50年代发生了很多事，1951年，我的博士导师索末菲老师去世，我永远忘不了他对我的谆谆教导，以及他在我博士学位答辩会上对我的支持和保护，是他培养了我海森堡，我也用量子力学这样的伟大成就回报了索末菲老师的关爱。

　　1952年，欧洲决定在粒子物理领域和美国展开全面的竞争。我们决定在瑞士的日内瓦附近和法国交界的位置建立欧洲核子中心（CERN），建造世界上最大的粒子加速器，用来验证量子场论的预言和发现新粒子，我被任命为委员会的名誉主席。第二年我又被任命为洪堡基金会的主席。

1954 年，在大洋彼岸的美国物理学界发生了两件大事，一个是费米的离世，他才 52 岁，让人不得不想到"曼哈顿计划"期间那些放射性元素对他的伤害。另一件事是奥本海默失去了政府的信任，而做出对他不利证词的正是我的学生爱德华·泰勒。泰勒的证词和他对核武器的狂热严重地损害了他在美国物理学界的名誉。我后来遇到泰勒的时候，从他对我的诡异笑容中似乎看出他在说："老师，我这么整奥本海默其实是在帮你出气。"在这一年，玻恩教授也得到了迟来的荣誉，被授予诺贝尔物理学奖。帕斯卡·乔丹本来应该和他一起得奖，却因为战争时期纳粹党徒的身份失去了这个机会。他曾经一面对纳粹狂热无比，一面却拒绝加入我和哈恩领导的核武器计划，让我们匪夷所思。

1955 年，物理学界出了一件更大的事，爱因斯坦先生去世了。这位 20 世纪最伟大的物理学家，历史上比肩牛顿的人物就这样离开了。最悲痛的是狄拉克，他一直被爱因斯坦对真与美的追求所指引，他妹妹后来说这是他记忆中哥哥唯一的一次哭。后来再见到狄拉克，我们已无法回到 1929 年结伴环游世界讲授量子力学的时候。经历了两个国家之间的残酷战争，我们似乎已经变得陌生，相见却只有相敬如宾和淡淡的问候。

1957 年，我和玻恩教授、泡利、哈恩等在哥廷根学习和工作过的另外 13 位著名学者联合起草了一份宣言，反对联邦德国开发核武器，支持核能的和平应用。该宣言被称作《哥廷根宣言》，算作对几年前《罗素—爱因斯坦宣言》的回应。本来我们计划是 15 人，但帕斯卡·乔丹拒绝了我们，他像爱德华·泰勒一样不愿让自己的国家放弃核武器。世界欠他一个诺贝

尔奖，他却欠了我们一个承诺。

1958 年，我和泡利的进行最后一次合作，建立了一个基于非线性作用项的量子场论模型，用来统一各种已知的基本粒子和它们之间的相互作用。我们的工作很快引起了物理学界的兴趣，但是我始终不能构造出一个能够和实验观测相符合的非线性作用项。这时候泡利放弃了，开始用激烈的言辞攻击我的工作。他一向这样刻薄激进，连我这个好兄弟的面子也不给。但经历过人生的大起大落和大喜大悲，我已经看淡了一切，冷静地应对他的攻击。但我同时也深深感觉到，属于我们的时代已经过去了，战后的物理学已经成为那些年轻人的舞台。1958 年年底，泡利突然过世，终年才 58 岁。他那刻薄的性格和易怒的心态，以及不健康的饮食多少影响了他的身体。他的离去对我打击很大，那段时间的每个夜里我都能会想起和那胖胖的身影一起学习、聊天、探讨物理的日子，我真的不敢想象玻尔教授离去的那天我会什么样。

同样在 1958 年，我把我的马克斯·普朗克物理研究所从哥廷根搬到了慕尼黑，哥廷根已经不能给物理学提供适合的土壤，他的时代也已经随着二战的结束过去了。很快，哈恩的化学所也搬到了美因茨。马克斯·普朗克学会的总部也随着我一起搬到了慕尼黑。慕尼黑就这样取代了哥廷根的地位成为战后联邦德国的学术中心。

哥廷根已经成为一个传说，从高斯时代一直到希尔伯特时代它都是全世界数学的中心。后来在玻恩教授的领导下，我、泡利、帕斯卡·乔丹的工作使他又成为量子力学的诞生地，培养了很多优秀的物理学家。二战期间德国和英国互相轰炸的时候，为了保留人类的学术财富，两国保持了默契，我们没有轰炸牛津和剑桥，英国人也没有轰炸我们的海德堡和哥廷根。而到了今天，我不得不向这个传奇的大学城说再见。

"世间再无哥廷根"。

我希望让科学在公共事务中起到启蒙的作用。

——《海森堡文集》

整个20世纪60年代，我都在忙于那些科学研究和公共事务的联系当中。我开始像玻尔教授一样关心物理学和哲学的关系，关心着公众的信仰，关心这个世界如何更好地发展。

图3-28 海森堡（右）和联邦德国总统卡尔·海因里希·吕布克（1964）

1961 年，薛定谔去世了。这位情圣大哥不但在物理学上和我分享了量子力学创始人的荣誉，而且他在二战期间写下的《生命是什么》一书启发和指引了克里克和沃森等人去寻找生命遗传物质的分子，并在 1953 年发现了 DNA 的双螺旋结构。这是 20 世纪生物学上最重要的发现，标志着分子生物学的诞生。

1962 年玻尔老师去世了，他是我一生最敬重的老师，如同我第二个父亲一般。关于我们在二战期间在哥本哈根的谈话一直是大家争论的话题。这些年我们一直心照不宣，只关心物理学的发展。不愿意再回想起那残酷的战争年代。玻尔老师请一路走好！这十年间我的老师和朋友们一个个离我而去，我的那一天将何时到来？

随着泡利和费米的英年早逝，我们这一代人也只剩下狄拉克还在继续着物理前沿领域的研究工作，还在发论文。这个年代随着加速器内不断有新的粒子被发现，随着新发现的强相互作用和弱相互作用难以用现有的量子场论模型来解释，物理学界似乎对量子场论产生了怀疑。但是我一直坚信，作为狭义相对论和量子力学的结合，量子场论就应该是基本粒子所遵从的规律，否则作为他宏观近似的狭义相对论，和低能近似的量子力学根本不会和实验结果符合的那样好。描述强相互作用和弱相互作用的量子场论模型只是暂时没有找到而已，不知道有没有人继续着我和泡利最后的工作。

20 世纪 60 年代末，一个物理学上的好消息传来，温伯格（Stephan Weinberg）、萨拉姆（Abdus Salam）和格拉肖（Sheldon Lee Glashow）利用希格斯机制完成了基于 SU（2）对称群来统一电磁相互作用和弱相互作用的量子场论模型，这是量子场论的一次重要胜利。而这个 SU（2）规范场的最早的数学模型是由费米和爱德华·泰勒的学生杨振宁（C. N. Yang）与米尔斯（R. Mills）提出的。不得不提一下温伯格这个人，他和狄拉克以及费曼一脉相承，很诚实并且有着很强的提高公众科学素质的愿望，他自然也是个无神论者。偶尔看到费曼和温伯格的言论，我就不由自主地想到1927年索尔维会议上狄拉克的话。我发现一个有趣的现象，这些越能写出经典教材的物理学家往往越具备责任感，越想把知识分享给公众和后辈，宗教观上越倾向于无神论。狄拉克、费曼以及温伯格无不如此。你们问朗道？哈，他是个共产主义者。

像爱因斯坦一样选择最稳妥的不可知论？像狄拉克一样干脆否认神的存在？还是像玻尔老师一样寻找自己的二元论哲学？作为一个出生在基督教路德宗家庭的人，我似乎难以确立自己这种的宗教观。理性告诉我应该选择不可知论，不要轻易肯定和否定我们不知道的那片知识盲区，但我依然在我的书中说希望公众有信仰，相信一个无所不能的上帝在看着他们，约束他们的行为，奖赏他们的善良，惩罚他们的邪恶。畏惧这样一个神似乎是使那些邪恶的人不做坏事的最好方式。如果这个世界的人都失去了信仰，对于善良者似乎并无不妥，但对于恶人来说会更加无所畏惧，就像希特勒屠杀犹太人那样，人性中的阴暗面会让这个世界到处充满着罪恶。

人类社会的道德准则是物理学所力所不能及的问题，因为无论行善，还是作恶，在物理学上都遵循着同样的基本规律，在原子的尺度上更没有区别。如果说科学研究求的是"真"，艺术求的是"美"，那么"善"只有靠建立人类社会的道德准则来追求。宗教信仰会对建立这样的道德标准，教人向善，使人不敢作恶起到无法比拟的作用。想到这里，我似乎听到泡利在天上不屑地挖苦说："信仰也能让人类用善的名义干不少恶事吧？哈哈。"

1970年，玻恩教授也离世了，我最亲密的老师和朋友们真的一个一个

都先我而去，我也被查出患有癌症，开始和病魔
做斗争。我不知道自己还能活多久。孩子们都已
经长大，伊丽莎白还是那样的光彩照人。我跟他
们说以后不要给我修太大的墓碑，我要和我的父
母葬在一起，在慕尼黑那片森林中。

20 世纪 70 年代初，又一个激动人心的消息
传来。首先盖尔曼（Murry Gell-Mann）在 20 世纪
60 年代提出了夸克模型，即质子和中子，以及各
种介子不是基本粒子，而是由夸克和胶子组成的
束缚态。随后南部阳一郎等人引入了 SU（3）对

图3-29　海森堡的墓碑

图3-30　碑文：左上为海森堡的父亲，右上为他的母亲，中间为海森堡，下方为他的妻子伊丽莎白

称群来建立描述夸克的"色荷"。于是描述强相互作用的量子场论——量子色动力学（QCD）就被这样出现了。很快戴维·普利策（David Politzer）、弗兰克·维尔切克（Frank Wilczek）和戴维·格罗斯（David Gross）发现了QCD 的渐进自由性质，和实验达到非常完美的符合，量子色动力学的模型就此确立。这是量子场论又一个伟大的胜利，至此，除了引力之外，自然界其他三种相互作用都纳入了量子场论的模型当中。可惜泡利和维格纳没有看到这项工作就已经辞世，我、狄拉克、帕斯卡·乔丹是幸运的，我们看到了自己在量子场论上的开创性工作导致了今天这样的成果。

　　1976 年，我败给了无论是谁都不可能战胜的对手——时间。我安详地离开了我的亲人和朋友，离开了我深爱的这个世界，躺在慕尼黑市郊的一片森林中，和我的父母葬在一起。感谢您看完我的故事，希望您能记得我——不仅仅是在教科书上，而是在您的心中。

　　（注：本文图片除图 3-29、图 3-30 为作者实地拍摄外，其余图片均来自 http://www.aip.org/history/heisenberg/ ）

薛定谔的 加菲猫

零

加菲！俺是你的祖先。俺主人是著名的物理学家，量子力学之父——埃尔文·薛定谔先生。

啊噢！

薛定谔的 加菲猫

一

刚刚通过物理学的教授资格考试，第一次世界大战的爆发就促使薛定谔到奥匈帝国的军队中服役，军衔少校。

他驻守的地方一直没有敌军入侵，除了一只饥饿的胖猫。
他收养了这只流浪猫。

这个鬼地方敌人都不愿意来攻占，看上去更像是 garbage-field（垃圾场），而不是 war-field（战场）。那么从今天起我索性就叫你 garfield（加菲）吧！

薛定谔的 加菲猫

二

一战结束了，同盟国输得挺惨。

薛定谔带着捡来的加菲猫回到了维也纳，继续从事助教的工作。

薛定谔的 加菲猫

三

加菲，你的耳朵
好像两个波峰啊！

薛定谔的 加菲猫

五

加菲，那帮家伙说我提出的波函数是非现实的……

薛定谔的 加菲猫

六

加菲。这帮人还说我的方程不是描述量子过程的唯一的定律。

他们说还有一种更重要的东西叫什么"塌缩"。

意思就是说，我把你扔到这个靠粒子衰变触动毒气开关的盒子里，你就会处于一个生与死的"叠加状态"。当我测量这个粒子衰变结果的时候，你就会塌缩到其中一个状态，即要么死，要么活。

开什么玩笑！

薛定谔的 加菲猫

七

哥本哈根

一致历史（退相干）

$$|\Psi\rangle = a| \text{🐱} \rangle + b| \text{🐱} \rangle$$

$$= | \text{🐱} \rangle \qquad 隔离$$

多世界

$$|\Psi\rangle = a| \text{🐱} \rangle + b| \text{🐱} \rangle$$

$$= | \text{🐱} \rangle \qquad 永久隔离 \qquad = | \text{🐱} \rangle$$

世界1 　　　　　　　　　　　世界2

薛定谔的 加菲猫

八

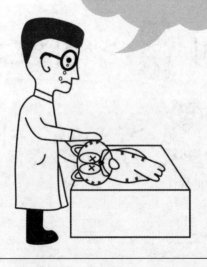

加菲，这一天还是到来了。我也变老了。我真的未曾想过把你扔到那个箱子里。

狄拉克之旋

引 子

"砰！"

枪响过后，狄莫感到左腹突然剧烈疼痛，鲜血喷涌而出。子弹那一点点动量却带着他早已疲惫不堪的身体向后倒下，他的后脑狠狠地摔在了冰冷的地面上——那个每天他都要走过的地方。

狄莫用左手去捂住伤口，但一股股的鲜血依然从他的指缝中向外流动——就像他无力控制的时间一般。剧烈的疼痛让他的意识逐渐开始模糊，但他依旧能听到外面那剧烈的枪声，还有那些他听不懂的叫喊声。

他吃力地将双眼睁开一条缝，隐隐约约地看见那个挎着 AK47 的身影已走到门口，正望着倒在地上的他，一秒钟后便用手一甩，重重地关上门。于是门外的枪声变得不那么刺耳，但依然可以听到。昏暗的室内，只有一台台仪器的表盘上那些 LED 散发着微弱的光芒。

渐渐地，门外的枪声也变得模糊，狄莫感觉呼吸越来越困难，双眼也已睁不开，他逐渐地昏迷过去……好像身边的一切都变得与他无关，彻底无关……

…………

"你为什么选择了学物理？"

"我想了解这个世界究竟是怎么回事。"

每次遇到这个问题，狄莫总是这样回答。这真的是他少年时代心里最真实的想法，一个最不切实际的想法，一个令古往今来所有的思想家、哲学家和科学家都无法想明白的终极问题。因为"究竟"二字代表了终极答案，代表了亚里士多德口中的那个"metaphysics"（形而上学）。

为了寻找这个答案，狄莫在高考时下定决心选择学物理专业。自从在他老爸给他买的那本书上看到了狄拉克的名字，他便对物理学产生了深深的好奇——因为他也姓狄。

但是直到真正学了物理专业，他才发现那个梦想越来越不切实际。然后他开始怀疑，并最终确信，到人类文明灭亡的那一天，人类都找不到这个终极答案。但是他没有放弃，也不会放弃。因为学了物理，他比所有其他专业的人都离这个答案更近——仅此而已，但却是他心中最真实的理由。

子曰："朝闻道，夕可死矣。"

…………

此时倒在血泊中的狄莫多么希望自己昏迷的一刹那，能够有濒死体验，带他去看一眼这个答案。他还多么希望自己会有灵魂，死后能继续留在这个世界上，去陪伴那个妹子——尽管作为一个科研工作者他并不相信会有什么濒死体验和来世，但是他真的不想就这么离开……他还有很多话没有说，他还有事情没有做，他要坚持，可是疼痛已经让他无法坚持。

昏迷前的那一瞬间，他的一生似乎在眼前一幕一幕地闪过……

一、自 旋

北 狄

我们的主人公狄莫，出生在中国东北边陲的一个小县城里——货真价实的东北边陲，因为它在黑龙江和乌苏里江的交汇处。这两条江都是国界，江的对面都是俄罗斯。这两条江的交汇处中心有一个岛，就是黑瞎子岛。

这个小县城叫作抚远县，在黑龙江南岸，东边紧邻黑瞎子岛（亦称抚远三角洲）。这里并不是中国最北的地方，但这里是中国最东的地方，即中国每天太阳最早升起的地方。向东过了黑瞎子岛，紧挨着的就是俄罗斯在远东最大的城市——哈巴罗夫斯克，当然狄莫更习惯称这个城市为"伯力"，因为这是这个城市被俄国人掠夺去之前的中国名字。黑龙江和乌苏里江对岸一共约150万平方千米的土地，被落魄的清政府割让后一去不复返。那里有和东北平原同样大的可用耕地，有距离日本本土非常近的海港"海参崴"（俄称符拉迪沃斯托克）。

民国时期，这个县城的名字从绥远变成了抚远，但是无论你想怎么安抚，江的对岸都成了俄国人的地盘。斯大林时期，对岸的满族人和汉族人被苏联政府迁徙屠戮殆尽，成为中华民族难以磨灭的伤痛。2004年，也就是狄莫2岁那年，黑瞎子岛被一分为二，一半属于中国，一般属于俄罗斯。在岛上的边境线旁有一个小哨所，而狄莫的父亲狄虎，就是这个哨所里的一名哨兵。

狄莫小的时候，周末可以经常跟着他老爸到岛上玩。黑瞎子在东北话里就是黑熊的意思。因为黑熊的视力不好，所以古代的女真族猎人称其为黑瞎子。不过狄莫在这个岛上从来没有见过黑熊，只有他老爸那个膀大腰圆、皮肤黝黑的战友能让这个岛不那么名不符实。

狄莫的母亲是抚远县城内的一名小学教师，从小对他的管教非常严厉，因为小学班主任怎么能容忍自己的孩子学习成绩比班上其他孩子差呢？虽然为了避嫌，狄莫并没有分在他母亲的班里面。

尽管狄虎的哨所离县城的家里只有 25 千米，他也不是每天都能回家。哨所轮岗，他每周大概只能回一次家。懂事的新兵蛋子会照顾一下老大哥，自己多站一天岗，让狄虎回家看老婆孩子。

在狄莫 8 岁的时候，也就是上小学二年级那一年，狄虎转业了。由于狄虎是农村户口，地方并没有给安排工作。于是本来就比较拮据的家里经济压力陡增。

狄莫清楚地记得，那一年，爸妈之间总是爱吵架。尽管吵架时关上门，但是家里这个小房子隔音非常不好，狄莫总是在隔壁能听到老妈的歇斯底里和老爸的怒吼。但是爸妈吵架有一个特点，每次吵架完，只要过两个小时，就跟什么都没发生过一样。

狄虎后来跟几个朋友做起了边境贸易，每个月都会拉一货车中国商品去伯力（哈巴罗夫斯克），再带一车俄罗斯的木材回来。偶尔也会进点俄罗斯商品，给县城里的中俄贸易集市送货。当然这年头做边贸的人特别多，大头都被那些浙江来的老板赚去了，狄虎他们没日没夜地跑车，拿的都是零头。后来狄莫在中学政治课本上学到"剥削"二字时，深有感触。

　　狄虎对自己的姓氏引以为豪，经常跟狄莫讲"狄"这个姓虽然不大，但是人才辈出。唐有狄仁杰，宋有狄青，一文一武，名垂青史。狄虎非常喜欢一位电影演员，也是自己的本家狄龙。于是狄莫清楚地记得，老爸给他讲狄龙演过的电影时，最在意的并不是和周润发、张国荣一起出演的《英雄本色》，而是狄龙和林青霞，以及"开心鬼"黄百鸣主演的一部老电影。影片的名字老爸已记不太清，情节也并不出彩，就是狄龙和黄百鸣演两个一起出生入死的古惑仔，后来狄龙坐了牢，黄百鸣当了神父。狄龙出狱后到黄百鸣处暂住，结果以大哥的身份带着教堂里的小孩出去鬼混，让黄百鸣很是生气。后来狄龙发现昔日旧爱林青霞被黑帮老大占有并折磨，去救她的时候结果林青霞惨死在他的怀中。于是狄龙经过一番搏斗手刃了仇人，摆平了整个黑帮。一个香港黑社会题材老片的套路，但是整部电影最出彩的部分是结尾，让狄虎觉得最爷们的一个结尾。

　　结尾是狄龙马上要被执行死刑。行刑前黄百鸣在监狱房间里给他做祷告。狄龙依然不在乎生死，开着玩笑。但黄百鸣突然以兄弟的身份要狄龙临死前必须答应他一件事，就是一会儿走出监狱上刑场的时候，一定要哭。狄龙很是奇怪，说我做不到，最爱的林青霞死在我怀里的时候我都没哭。但黄百鸣一再坚持，说狄龙的事迹已经让这所监狱的少年犯都把他当成英雄，一个个都要效仿他。你不能让这些已经走上歧途的孩子还和你一样出狱后继续混黑道去杀人。狄龙沉默不语地走出监狱房间，发现监狱广场上成百上千的少年犯们都在整齐地呼喊："龙哥是英雄！龙哥是英雄！"狄龙沉默一会儿突然假装号啕大哭，坐在地上哭喊着说："我不想死！"顿时整个监狱广场都安静了。少年犯们接受不了这种强烈的反差，龙哥的形象轰然倒塌，于是人群中开始喊出"懦夫"二字。伴随着"懦夫"的喊声，狄龙被拖进了行刑的房间，房间门关上后，少年犯们已经看不见他。狄龙马上站起来，像一切都没发生过一样，安然地走向刑场……

狄虎经常用这个电影的结尾教育狄莫，说男人活着为了大义，有些事情不能做，有些事情不得不做，于是狄虎选了"莫"这个字作为狄莫的名字。当然狄莫自小就知道老爸在骗他，真正的原因是因为老妈姓莫，叫莫惠芳。

和老爸不同，狄莫最好奇的不是狄仁杰，也不是狄青，更不是狄龙，而是一位叫"狄拉克"的科学家。在老爸给他买的少儿科普书中，狄拉克的名字总是和神秘的反物质联系在一起。

从 21 世纪新版的《十万个为什么》中，狄莫学到了我们生活在地球上，地球绕着太阳一年转一圈，同时每天自己转一圈。所以我们每天能看到太阳东升西落，一年能看到春夏秋冬。狄莫还学到了我们身边的一切东西，包括我们自己都是原子组成的。原子中间是原子核，一群电子绕着原子核转。原子核里面还有质子和中子。可是在这些书里，狄莫始终看不明白反物质是什么。什么正电子是狄拉克海里的空穴，什么乱七八糟的。到底是粒子还是空穴？神秘的狄拉克到底是谁？

带着这些疑问，在初中的物理课上，狄莫觉得自己学的东西和认识这个世界关系不大。什么斜坡上的小滑块，什么一堆电阻串联并联，在他眼里不过是数学应用题。

"我想知道原子是什么，它们怎么组成的这个世界，而不是天天算你们编出来的这些题。"狄莫面对物理老师的对考试成绩的指责，做出了很叛逆的反驳。于是这堂课，狄莫又只能到教室后面站着上了。

"你们家孩子上课从来不守纪律！"

"这孩子上课接话，气不气人！"

"你家孩子我是没法教了!"

"你孩子要像那帮差生我也就不管了,但学校还指望他提高点升学率!"

狄莫的母亲莫惠芳被叫到学校,接受班主任和任课老师的轮番告状。狄莫在一旁低头站着。

"你家孩子上我课还表现不错,挺聪明的。"没想到年轻化学女老师居然没有告状。

回到家后,自然又是一顿男单、女单、混双暴打。狄莫没办法,只好装哭,还能挨打轻点。谁叫小时候老爹总拿狄龙装哭的那个电影片段教育他。

第二天上化学课,化学老师告诉狄莫:"昨天几个老师轮番向你妈告状,唯独我没告,所以你以后上我的课守点纪律,别总接话啊。我写错式子的时候别在底下说我老了,听见没?"

"嗯,老师。我错了。"

几乎每个月,狄莫都会被找一次家长,然后回家挨顿揍。渐渐地,狄莫发现随着自己青春期的身体快速发育,挨打越来越不疼了,老妈也越来越打不动他了。老爸偶尔想拿点"兵器",但也不忍心下手。

"儿子,想不想去哈尔滨读高中?"狄虎抽了口烟说。

"不了,借读好几万呢,太贵。我在这儿上高中也能考个好大学。"

"老赵说他家婷婷要去了,他家也一起搬到哈尔滨。"

老赵曾是狄虎的连长,转业后在县公安局工作,并一路升到了副局长。在一个边贸为主的小县城当副局长自然家境殷实。赵婷婷和狄莫同年出生,小学和初中都在同一所学校不同的班级。不算青梅竹马也是从小相识。赵婷婷天生丽质、多才多艺,经常在学校的一些文艺活动上亮相,背后被一群男生议论着。狄莫并不跟他们公开谈论这些,但是青春期的荷尔蒙让他对赵婷婷有着无限向往。

狄莫记得那天晚上爸妈在房间里谈了很久，一直没睡。在中考前夕的某一天，吃晚饭的时候，狄虎对儿子说："我跟你妈商量好了，家里这点积蓄凑一凑，差不多够。老赵有这个关系帮她女儿办了，也不差多帮我儿子打个招呼。你就把学籍留在这儿，高中去哈尔滨念。"

"啊？"狄莫惊讶一下，低头继续吃饭。

"记住啊，你赵叔帮过你忙，是你恩人。长大以后要懂得报答他们。"

"明白，妈。"

赵婷婷全家因老赵调到省公安厅工作，户口在中考前转到了哈尔滨，于是参加了哈尔滨的中考，并疏通关系进入了一所省重点高中。狄莫在抚远上了半年高一之后，在赵叔的疏通下去了同样一所高中借读，而且和婷婷在一个班。于是狄莫在离家600千米的省会住校读书，并且周末经常可以去婷婷家蹭饭。赵叔和狄莫聊起狄虎时曾说："你爸这人是个好人，但是太倔。跑边贸这种事，你只要不贩毒，很多东西睁一眼闭一眼就过去了。他这些年少赚了不少钱。你小子脑袋比你爸灵，将来肯定比他有出息。"直到后来读到研究生，狄莫才明白，赵叔的这些话对一个高中生说有点太早。

狄莫记得大概自己10岁的时候，"屌丝"这个词在互联网上疯狂流行。同学之间经常拿这个词开玩笑，而他心里也觉得在赵婷婷这样富家女眼里，自己肯定是屌丝，尽管自己将近一米八的身高和健壮的体格看上去还不算矮穷丑。但屌丝深层次的含义他是到了读博士的时候才明白，因为少年时代的他还单纯地认为学习成绩好，靠个人奋斗就能改变命运。与婷婷的相处中，他一直在掩饰着这种由家庭背景带来的不自信，并经常热心地给婷婷讲题。

有一次婷婷很好奇地问狄莫："你的姓'狄'到底是什么意思啊，好像历史课上讲过哦。"狄莫回答确实讲过，说是少数民族，一笔带过。于是他用手机百度了一下，发现狄在先秦时期代表整个北方的少数民族。所谓"东夷、南蛮、西戎、北狄"，以自我为中心的周朝将四方民族如此命名。说白了，"狄"就通指北方游牧民族，就像罗马帝国称北方的蛮族都是日耳曼人一样。狄族还曾在春秋战国时期建立过中山国，后逐渐被同化。而后来汉时的匈奴和西晋灭亡后的鲜卑，已经不算是北狄。

对于狄拉克，狄莫更明白他和自己的姓氏没任何关系，只是 Dirac 这个姓氏这么翻译比"迪拉克"更酷一些，后者容易让人想到豪车。通过网上的资料，他仅仅知道狄拉克似乎是一个很厉害的物理学家，比自己整整大100岁。他用一个很厉害的狄拉克方程预言了正电子，于是狄拉克的名字便一直和反物质联系在一起。

在哈尔滨的各个书店，狄莫热衷于找一些和物理有关的科普著作，但收获甚微。霍金的书虽然很出名，但是读起来也是缺少知识的细节。一些关于相对论的科普知识让他猜测时间和空间跟物质是一体的，他猜测物质世界背后有一个统一的规律。他想知道那些科普书里多次谈到的和广义相对论不兼容的量子力学究竟是什么，他想知道狄拉克方程在量子力学里是什么地位，是怎么来的。

纯文字的科普读物已经满足不了狄莫的需求，他知道自己需要去学习高等数学，然后才能看懂这些物理方程的含义。

于是，在高中那三年，狄莫下定了一个决心——考物理专业。

还原论者

"妈，我想报物理专业。"

"啥？儿子，那专业可不好学，还不好找工作。"莫惠芳一脸惊诧。

"臭小子你可想好了啊，这可是一辈子的事。"狄虎严肃地说。

"想好了，爹。"

高中三年，狄莫拿了物理竞赛和化学竞赛两个省级二等奖。高中化学老师一直很喜欢狄莫，尽管他的学籍并不在这个学校。

讽刺的是，狄莫第一次在课堂上系统学习原子结构并不是在物理课上，而是在化学课上。课本上那一张张电子云的图片让他着迷。大千世界的各种物质千变万化，变来变去不过是这些不同原子不同的排列组合。那些电子云的形状决定了原子怎么排，可是狄莫并不知道这是为什么。

"各种各样的化学键本质上就是原子间共享电子，化学家可以用量子化学的方法计算出来。"

"老师，那量子化学和量子力学是啥关系？"

"就是拿量子力学的知识来计算分子结构，以及原子形成分子，或者分子分解成原子的过程。具体怎么算，我也不是很懂，所以我只能来中学给你讲课。"化学老师面对狄莫的问题总是忘不了自嘲一下。

"那就是说物理才是根本的喽？"

"当然了，化学家知道化学反应本质上是原子和分子的事就到此为止了，原子里面的事都是物理学家研究的东西。"

狄莫当然想知道原子是什么，所以他明白必须要学量子力学的知识。面对高中物理那些"表面上是牛顿定律、电磁学，还有几何光学，骨子里

是数学应用题"的知识，狄莫从来没有感觉到满足。

"物理是用来认识这个世界更深层的规律。我想理解并精通相对论和量子力学，我也想知道狄拉克究竟做的是什么，那我必须选择物理专业！"狄莫在高考前不断地这样告诫自己。

多年后他才知道自己从小就是一个还原论者。

紧张的高考结束了，狄莫感觉自己发挥的一般，没展现出全部水平。考试这东西有时候像赌博一样，偶然性不小。

"儿子你想好报哪个学校了吗？别离家太远。" 在报志愿的前几天，莫惠芳每天都焦急地问。

狄莫数来数去。自己想学物理，那就得去一所不错的学校。放眼东北，哈工大是一个工科学校，不适合学物理。物理系能稍微拿得出手的只有吉林大学，对他实在是一点吸引力都没有。他想走出这片土地，寻找另一片天空。这回肯定要离家非常远了。

尽管教育部直属的名校很多，也有很多出名的物理系，但是狄莫还是把目光投向了中科院系统的三所学校。

自从互联网上的各种信息让他知道中国最好的那些基础学科研究队伍有一大半都属于中国科学院系统之后，他就一直关注着这三所学校——合肥的中国科学技术大学、北京的中国科学院大学，以及上海的中科院上海科技大学。他始终相信中科院的那些研究所会给这些学校的基础学科提供足够的保障，尽管这只是他的猜测，而多年后他发现这真的只是猜测。

"报中科大有风险，因为它在黑龙江招生太少。报国科大也有风险，而且我听说国科大离北京市区非常远，坐公交都要三个小时……妈我想报上海科技大学，把握比较大。"填报志愿的前一天，狄莫和老妈这样商量。

"上海？那可老远了，儿子你跑那么老远我不放心啊。"

狄莫看到平时那个严厉的老妈此刻俨然一个慈母。

"儿子都 18 周岁了该让他出去闯闯，我就是 18 岁那年当的兵。"

"别让儿子像你似的乱跑！"慈母一瞬间又恢复了战斗力……

"我乱跑？我一年往老毛子那儿跑好几趟不还是为了养这个家？"狄虎也不示弱。

"养家？这么多年你挣多少钱回来了？"

"我怎么没挣钱，儿子学费还不是我挣的？"

"这么多年就挣那点学费！"

爹妈又吵起来了。狄莫一看势头不好，赶紧打断："别吵了，妈、爸。我查了，哈尔滨坐火车到上海要 30 个小时，从咱家坐火车到哈市也要 10 个小时呢。南方气候好，说不定我这鼻炎到那儿就好了。"

"拉倒吧，北京、上海那种大城市，PM2.5 高着呢，指不定鼻炎又重了。要不你还是报哈工大算了，离家近，学个计算机也好找工作。"

"别听你妈的，女人见识短。儿子，爹支持你去上海，一年回家一趟就行。唉？你赵叔家闺女报哪儿了？"

"她报了北京的中国传媒大学，好像要学播音与主持。"

多年后，狄莫想如果自己报了北京的一所学校，能和赵婷婷经常见面，他们俩彼此的人生会不会变得很不一样。

狄莫顺利地被录取了。狄虎和莫惠芳夫妻俩准备送儿子到学校，顺便去上海逛一逛。对手头拮据的他们来说，这难以称得上旅游。

浦东的张江高科技产业园，由上海市政府和中国科学院在 2011 年共同创办的上海科技大学就坐落在这里。狄莫被录取的时候，学校开始招本科

生才仅仅 3 年，但是培养研究生已经 5 年。整个学校不细分物理系和化学系，而是把它们都整合到了物质科学学院。老师大部分都是比较年轻的"海归"。

....

"我看好这个学校的未来，所以把青春压在这里。"——狄莫

....

"黑龙江边上？那地方是不是很冷啊？"

"夏天跟这儿一样热。"

室友们一个来自浙江，一个来自江西，一个来自上海本市。他们对遥远的东北边陲可能只有一个概念——冷！

"我叫狄莫，狄仁杰的狄，莫言的莫。"班上同学互相自我介绍时，狄莫这样讲述自己的名字。尽管是一帮理科生，在他看来知道狄仁杰的比知道狄拉克的要多。

经过一年的相处，狄莫对三位室友有了比较深入的了解。

来自江西的荀义，自称是荀子之后。人非常老实，家在农村，俗称凤凰男。一位典型的学霸。天天背着书包早出晚归，自习室是最经常出没的地方。在女生面前会害羞。他外号是"叉子"，因为"叉"和"义"字长得像。这个外号当然是狄莫起的。

来自浙江的杜渐生，家里做小商品贸易和民间信贷，家境殷实。因为家里人都在做生意，所以他爸希望他能走一条不同的路，成为科学家。他与狄莫最大的共同点是爱玩游戏，还爱看球。班里这帮人开始管他叫"阿杜"，后来不知怎么地演变成了"肚子"，伴随一生。

来自上海的高沪坤，外号阿坤，性格和蔼且贪玩，在四个人中英语最好。家住宝山区，父母都是造船厂的职工。狂热的球迷，平时爱上网，有点小

愤青，爱议论时事，没事翻个墙。每当周三凌晨有欧冠的时候，狄莫和"肚子"都会挤在他的桌子前一起熬夜看球。如果阿坤周末不回家，他们也这样一起看欧洲联赛。

每个人都有了外号，狄莫自然不能幸免。因为他的名字读起来和demon很像，寝室和班里这帮同学开始管他叫"恶魔""魔王"。以至于英语课上，狄莫干脆给自己起了个英文名Demon，弄得外教每次都想给他重起一个名字。

....

度过大学时光头两年的基础学习，班里开始分专业。可选的专业只有物理、化学和材料。"肚子"选了化学，说自己以后继承家业，会投资开个药厂，到时候养个球队，就跟拜耳公司养个勒沃库森队一样。狄莫说你学物理不也一样？荷甲的埃因霍温还不是飞利浦公司养的？"肚子"说电子时代很快就要过去了，等你们学好物理造量子计算机出来。

狄莫和寝室另外两个人自然选了物理专业，而一个悲催的消息是学院里仅有9个女生选了物理……

"今年要学相对论和量子力学了，你兴奋不？"狄莫跟"叉子"打趣。

"兴奋什么，该学的总要学。"

"唉。"狄莫心想学霸体会不到自己那种忐忑的心情，就跟见多了女人后，男人体会不到那种心动感觉一样。

....

阿坤终于追到了他的女神，据说是他高中的班花。兴致勃勃的他要请全寝室吃饭并到虹口体育场看亚冠。"肚子"嘲笑他说他终于堕落成了要听老婆话的幸福小男人，阿坤一脸傻笑。

"'魔王'，你在北京的那个女神怎么样了？抓紧时间进攻啊。"

"拉倒吧,她身边不是富二代就是官二代的,很久没联系了。"

"物理这么难你都敢学,还不敢追女生?"

"这两个难度是不同维度上的,线性独立……"学霸"叉子"插了这么一句话,再配上点口音,全寝室笑翻。

说到口音,狄莫这大学头两年真是没少遭罪。学生会或者班里一有什么文艺活动,就要他模仿一段小沈阳。狄莫每次都推辞说我们黑龙江人口音轻,然后就把两个辽宁的同学供了出去……可惜这俩辽宁同学嘴笨,除了踢球啥才艺不会。没办法,最后还得他这个学生会副主席自己上。

…………

狄莫忍受不了重要的狭义相对论知识竟然附在了"电动力学"的最后面,成为可讲可不讲的内容。但是任课教授还是叮嘱大家好好学,并且告诉大家如果有人以后选"高能物理"(粒子物理),这是必备的知识。于是狄莫听话了,从头到尾彻底搞清楚了怎样通过"相对性原理"和"光速不变原理"两个基本假设推导出整个狭义相对论。但考试的时候,考的却是他一直没有复习的矢量运算……

吃了这门课的亏,狄莫想"量子力学"不能这样学了。但当波函数出现的时候,狄莫被这个突如其来的概念冲击得一片混乱。在这之前,他一直坚信经典物理里那个一切都确定的世界。

老师把哥本哈根诠释的内容一笔带过,绝大部分时间都是教他们怎么求各种算符的本征值。

"这不是在教量子力学,而是在解数学题。"狄莫敢怒不敢言。讽刺的是,关于哥本哈根诠释和退相干的这些重要知识,居然是狄莫在研究生阶段的"量子信息"课上学到的。

在学"量子力学"这门课时，狄莫一直在思考量子世界为什么会是这样——当然他不可能思考出任何结果，于是，他又忘了复习怎么解简谐振子，怎么解一维无限深势阱的薛定谔方程，怎么解那几个自旋角动量算符的本征值……

…………

"我无法控制自己不去往最基本的物理问题上想，我这种极端的还原论者是不是不适合做科研？"——狄莫

…………

狄莫抱怨好端端的一门"量子力学"课变成了"薛定谔方程和其应用"。他心中那神秘的狄拉克方程也许不会在本科阶段学到了。自己上维基百科上读也不太能读懂，很愁人。

学霸"叉子"各门课依旧是高分，热恋阶段的阿坤及格就满意。只留下他这个"魔王"两头不讨好。而且因为逃课，好几门课的老师还给他扣了不少分。

时间很快到了大四，狄莫看着自己的学年排名惊险地处于保研范围。去年费了一年劲，结果 GRE 和 TOEFL 成绩考的很一般，申请不到啥好学校。再说家里经济也不宽裕，老爹好久没跑俄罗斯拉货了，乱七八糟的费用都不一定交得起。狄莫想想干脆校内保研算了，和中科院大学一样的待遇，学费全免，每个月还有补助，不需要家里花钱了。干脆在物质学院选个好导师，能做成啥样是啥样。

"叉子"拿了学年第四，保送到了北京的中科院理论物理所，据说做粒子物理唯象理论、格点 QCD 什么的。看来这种学霸也不敢选超弦啊。经过寝室里他们三个贱人四年的洗礼，"叉子"从一个和女生说话都会脸红

的乖孩子变成了一个脸皮厚的二货，天天跟狄莫保证说，去了北京就把大嫂给你抢回来。

当然，身为"想搞清楚这个世界究竟是怎么回事"的还原论者，狄莫也不敢选超弦这个最前沿的基础理论。他发现以普林斯顿高等研究院为代表，几乎全世界最聪明的几个大脑都扑在这上面，可惜自威滕（Witten）提出 M 理论之后，30 年了超弦理论没什么太大的进展，难道探索到这个深度会超越人类智力的极限？

············

阿坤考上了本校的研究生，但是他自己说想读个硕士就出来工作。因为家在本地，不愁房子问题。毕业后找个上海市内的工作，结婚生子。随着年龄的增长，狄莫越来越羡慕阿坤这样平淡而幸福的人生。

"肚子"跨专业考研，考到了复旦读金融。狄莫告诉他说打第一眼看见你就觉得你的富深藏不露，矮富帅不是白叫的。将来发达了别忘给哥几个分点股份。"肚子"说我等你们做出好项目我给你们做天使投资人。

"扯淡，做理论物理能出啥应用的项目啊，分点股份吧，我以后帮你打广告。"可是狄莫也万万没有想到，自己从此以后做的是彻彻底底的实验物理。

············

"和一帮聪明且善良的人做室友是你的福气，连那种感谢不杀之恩的玩笑都不用开。"——狄莫

············

"婷婷你还在实习么？"

"不实习了。"

"那决定继续读研？本专业？"

"嗯，反正就两年，也快。现在本科生实在不好进电视台，除非关系特别硬。"

"明白。"

"对了，暑假你回家不？"

"回啊。到北京玩两天吧，然后咱们一起坐车回哈尔滨。"

"好啊！我等七月底票好买的时候我就回去。给你带点南翔小笼包吧。"

"不用了，大热天的，容易坏。"

和赵婷婷在 QQ 上的聊天让狄莫很是意外。为什么快毕业了想见我？难道又和男友闹别扭了？但是狄莫很期待这个暑假的到来。

…………

毕业聚餐的那天晚上，狄莫喝多了。酒量不小的他有生以来第一次喝醉，对以后难以见面的"叉子"百般叮嘱，告诉他无论多难都不要放弃物理的梦想，当然这句话也是为了鼓励自己，虽然他们都还没有遇到真正的困难。

…………

"大一的时候，一个个豪言壮语要拿诺贝尔奖。大二的时候，一个个开始反思学物理能不能赚钱。大三的时候，一个个开始怀疑自己是否适合搞学术。大四的时候，一个个开始焦虑毕业了之后干什么。"——狄莫

原来这就是科研

"李老师，您好。我来了。"

"狄莫？请坐。"李武越教授给狄莫倒了一杯水。"我看了一下你的简历和研究兴趣方向，你愿意做实验不？"

"愿意，我觉得激光器那些挺有意思的。"很多年后狄莫也一直不确定自己当时这么说是不是在说谎。也许听过太多博士论文不够延期毕业的故事——这对他来说几乎是不可接受的。于是他想找一个能做出些东西的方向。理想和现实两者不可兼得。自己当初选物理专业的时候就给现实留了后手——当一位量子工程师，改变世界，这样也不比当一位理论物理学家差。

"好，那就定下来了，你以后就是我学生了。"

"好的，谢谢李老师！"

"马上就要选课了是吧？这个学期我上的'量子光学'课一定要选。下个学期我上'量子物理实验'这门课也一定要选。"

"明白。"

"那这个学期你要把'高等量子力学'学好。下个学期还要学好'量子信息导论'。其余选一些简单的课，凑够学分就行……还有，没课的时候我建议你多来实验室，和你师兄师姐一起搭台子，这样学东西快。"

"恩，没课的时候我会经常来。"

…………

第一个学期很快在忙碌中过去。狄莫再不能像本科时候那样偷懒，他知道自己要真正开始做科研了，要认真地学好基础知识。

但是狄莫并没有听李教授的话，他在第二个学期选了"量子场论"这门课，因为这门课第一章讲的就是他向往多年的"狄拉克方程"。还原论者的病又一次发作，他无法控制自己不去了解关于基本粒子的知识……

"李老师，我觉得上个学期的'高等量子力学'课还有您的'量子光学'

课让我对量子力学开窍了不少，我想这个学期学一下'量子场论'。"

"哦？"李武越对狄莫的想法着实惊讶了一下。好久没有遇到这样一心追求物理深层次知识的学生了。眼前这个强壮的小伙子让李武越想到了年轻时的自己。自己二十多岁的时候，和眼前这个小伙子同样的自信、乐观，略带轻狂。青春是一场无法回放的演出。

"这个，我没猜错的话，你是个还原论者对吧？"

"嗯……我是。"狄莫也吓了一跳，好像心中的秘密被老板一下子就看穿了。

"你跟我年轻时一样。我读研的时候，也想选'量子场论'。但是学分被排满了，我只能旁听。后来发现听的效果不如自己拿一本书啃，于是读博的时候就一边做实验一边学，把它当成了博士期间的专业课。"

"老师，那我现在还选不选这门课了？"

"这个，只要你精力够用，我鼓励你往深点学。我们这种做 AMO（原子分子与光物理）的，需要的理论基础无外乎就是非相对论性的量子力学，比如'高等量子力学'和'量子光学'这些东西，就是你现在学的这些课。后来当我博士课程考核的时候，老师虽然给了不错的评价，但是问我为什么学这些自己研究方向基本用不到的课程，如果是你，你怎么回答？"

"我估计……没准儿以后会用到。"

"我也是这么答的。而且比你的语气更肯定。我说以后很可能用到。后来我做量子模拟，真的用到了。当然是把高能基本粒子的情况用低能量子系统做类比。"

"您是说模拟高能系统的低能近似？"

"可以这么说，你还记得我以前讲过一个二维坐标系，能把理论物理

分为四个区域。"李武越开始越说越兴奋。

"记得，描述宏观低速的是经典力学，描述宏观高速的是相对论，描述微观低速的是量子力学，描述微观高速的是量子场论。"狄莫也兴致勃勃地回答。

"很好。量子场论就是量子力学和狭义相对论的结合。整个粒子物理的标准模型就是建立在量子场论基础上，等你学过就会明白。而我们 AMO 和凝聚态物理的那些理论，都是建立在量子力学基础上。因为我们是低速系统，只有极个别的地方需要用到点狭义相对论。"

"您是说物理学三个最大的方向，有两个是用不到量子场论的？"

"一般做物理的都会这么认为。严格点说，我们 AMO 和凝聚态物理都会用到一些非相对论性的量子场论，就是你上学期'高等量子力学'课后面讲到的量子多体理论等。所以当时我们做量子模拟，几乎全世界都在想方设法模拟凝聚态那些模型，因为关系紧密嘛。但我想试着走冷门，模拟和粒子物理相关的模型。"

"然后呢？"

"然后就没有然后了，哈哈。毕竟你这是个低能的原子系统，没法模拟粒子物理的标准模型。不同的时空背景、不同的哈密顿量。而且弱相互作用和强相互作用在原子尺度上的相当于没有。你拿激光和原子也基本上耦合不出来 SU（2）和 SU（3）的真实效果。"

狄莫连连点头。

李武越喝了一口水，继续说："但是基本粒子那些神秘的特性，拿到原子分子这个层面上也是相通的。就是说这些特性在量子力学和量子场论里完全没区别，你能想到哪些？"

狄莫突然变得有些紧张。没想到李武越教授夸夸其谈的时候，竟然顺路抛出了的问题，他很怕答错。

"是自旋吗？"狄莫试探地回答。

"没错，自旋是其中之一。另外两个，一个是波函数的非定域性，一个是测量问题。后两个问题直接属于量子力学的基本诠释，难度很大。但是自旋，我当时觉得有很多值得深究的地方。你听说过超对称吧？"

"听说过，好像 CERN 那个大加速器现在就在全力地找那些超对称伙伴粒子。"

"对，但你知道为什么这些超对称伙伴粒子的自旋和它对应的基本粒子的自旋严格地差 1/2 吗？"

"这个不太清楚。"狄莫听得越来越迷糊。

"因为他们是通过一个旋量联系起来的，这个旋量就代表自旋 1/2，你马上就能在狄拉克方程里学到。"李武越显得很得意："这就回到我当年的问题。我一直在思考和自旋相关的东西。标量是自旋为 0，矢量是自旋为 1。它们都很直观。但是旋量自旋为 1/2，非常不直观。矢量转 360 度，回到原来的位置。但是旋量要转 720 度才能回到原来的位置。描述旋量你还必须引入复数。"

李武越的话里信息量有点大，搞得狄莫摸不着头脑，开始目光呆滞。

"哈哈，好，今天就跟你先讲这些吧。我当年一开始也只是想尝试着模拟和超对称相关的东西，但是不由自主地往'自旋是什么'上去想。和你现在一样，还原论者的思维方式。但这个问题太难，我完全想不出结果。"

狄莫感觉到李老师似乎要用自己的经历告诉他不要去挑战类似"自旋是什么"这种过于变态的问题。但是李武越接下来的话还是让他有点出乎意料。

"在你学量子场论的时候，你要把自旋的数学表述都搞清楚。我鼓励你研究自旋的更深内容，这可以当成你硕博连读期间的一个副业，明白么？但是主业，你还是要跟着我做囚禁分子的实验。"

"明白，李老师。"

…………

多年后，狄莫越来越明白李武越老师确实是为了他博士期间能做出点成果，才让他把那些高深的物理问题仅仅当成副业。

…………

"这就是传说中的狄拉克方程？！"

狄莫抑制不住自己的兴奋。就因为自己姓狄，被狄拉克这个名字吸引，他一路爱科学并鲁莽地报了物理专业。回想起本科的时候看过杨振宁先生的《美与物理学》，里面杨老对狄拉克的评价非常高，说狄拉克方程简直就是神来之笔、天外飞仙。今日一见，果不其然。

学了这个方程，狄莫也终于可以看懂狄拉克那本《量子力学原理》的最后两章了。

"当然狄拉克推导出这个方程只是为了描述电子，但是它可以描述所有自旋 1/2 的粒子。而人类目前发现的基本粒子里，所有费米子的自旋都是 1/2，酷！"

但狄莫有一个问题不解，他于是直接写了电子邮件给李武越：

"李老师，按说狄拉克当时是为了寻找一个符合狭义相对论的波动方程，他发现为了符合狭义相对论，要对时间和空间都是一次求导，那必须得用矩阵做系数。但是为什么他的方程恰好是描述自旋 1/2 的呢？祝好！狄莫"

李武越回信：

"因为他用的是 4×4 矩阵。如果他用 6×6 矩阵，那就可以描述自旋为 1 的粒子。当然，大于 1/2 的自旋可以以狄拉克方程为基础一层层构建，你可以看看 Bargmann-Wigner 方程。"

"好的，谢谢李老师。"

刚回邮件仅仅几分钟，李老师又发过来一封。狄莫心想李老师不会特意回个邮件说"不用谢"吧，结果打开一看：

"对了，下周'量子物理实验'课上我想让你上去做 1/2 和 1/4 波片的演示实验，好好准备一下。"

"晕。"

…………

学完了"量子场论"和"量子信息"，度过了研一的上课生活，狄莫正式进入了实验室。

望着空间并不宽裕的屋子被两个光学平台占得很满，平台上摆着大大小小的激光器和一堆透镜、反射镜、真空腔。狄莫知道这里将是他未来四年的战场。

…………

"李老师，咱们这个实验室还算国家实验室的一部分？我看网上的信息不怎么全。"

"噢，我忘记更新了。是这么回事，我们是 2018 年正式筹建的'上海原子分子与光物理国家实验室'的一部分。名字嘛，你想北京有个凝聚态物理国家实验室，就是整个中科院物理所。还有个正负电子对撞机，也差不多是整个中科院高能所。还缺一个专门做 AMO 的。恰好潘院士在上海有

个大实验室，就是离咱们不太远的中科大高等研究中心。所以在一帮人的怂恿下，他牵头整合了整个上海地区，做量子信息的、做激光的、做原子频标的，一起申请了一个国家实验室的牌子。这样物理学的三个主要领域都有国家实验室了，齐了。"

"听说这个国家实验室单位很多是吗？"

"是，但是地位不一样。潘院士肯定是老大嘛，国内物理他做得最好，量子信息做得世界领先，所以经费他自然拿大头。然后中科院的上光所、技物所，还有华东师大那个重点实验室各拿点小头。至于我们这个小实验室，还有复旦、交大、同济几个小实验室，一起拿点零头。"

"那国家实验室的好处是啥？"

"哈哈！"李武越心想狄莫这小子还是太年轻。

"第一，国家实验室会有更稳定的经费支持。虽然分点零头，起码比每年累死累活写申请书到处疏通关系，经费还不一定批下来要强很多，对吧？"

狄莫连连点头。对于研究生来说，经费是稳定的"工资"来源，尽管这点工资只够吃饭的，还只叫做"补助"。

"第二，你后你发文章的时候，单位里加上个国家实验室，是不是比只加咱们学校看上去更好看？"

文章……对于刚读研二的狄莫来说，似乎还是个很遥远的名词。但他知道，进了这一行，"no paper, no life"。听说博士毕业要求影响因子必须凑够 5.0……

…………

单分子囚禁，狄莫对将要从事的领域还很陌生。原子的冷却和囚禁技术已经很成熟了，但是分子实在是难。首先，分子的能级过于复杂，电子能级附近充满了分子的转动和振动能级，这让原子的激光冷却技术对分子来说基本是不可能的。同时，分子对外磁场的响应也和原子不同，使得用磁场囚禁分子也比囚禁原子要难。至于那些有极性的分子，基本都能被电场囚禁。李武越想让狄莫做的课题是囚禁一些非极性分子，那么电场自然不好使。

"师兄，你有没有想过为什么咱们无论囚禁原子、离子，还是分子，只有磁场、电场和光场三者可以选择？"狄莫问带着他做实验，快要毕业的大师兄。

"这个我还真没仔细想过，估计没别的方法了吧……"

狄莫结合自己学过的知识，自己给出了比较满意的答案：在原子分子这个尺度上，四个基本力里面起主要作用的只有电磁力。因为：①引力太弱；②夸克之间的强相互作用因为色禁闭，逃不出原子核的尺度；③主导衰变的弱相互作用因为 W 和 Z 玻色子具有静质量，势能衰减及其快，寿命也短，能传播的距离远小于原子核大小。

于是只剩下没有静质量的光子了，理论上它可以传播无限远，而且作用强度比引力高出好三十多个数量级。于是原子和分子的尺度下，一切现象基本都只被电磁力所左右。

电场和磁场是虚光子（virtual photon）产生的效果。光场，也就是电磁波则是实光子。光子表现出的形式只有这些了，所以能用到来操纵原子分子的也只有这三种场。连高能粒子加速器，也需要靠电场和磁场来加速粒子。狄莫发现自己学过的量子场论的知识，尤其是 QED，实际上决定了几乎一切物理实验技术的原理。

…………

"人类能观测到的绝大部分物理现象都是光子与电子和夸克相互作用的结果。"——狄莫

⋯⋯⋯⋯⋯

尽管私底下都管导师叫老板，但是在狄莫的眼中，导师和学生的关系更像是教练和球员的关系，科研好比是球赛。教练都是从球员时代过来的，指导训练、指挥比赛，自己不亲自上场。而球员要亲自上场，摧城拔寨。于是文章的作者顺序，往往是球员在前按贡献排序，教练在最后做通讯作者，就像捧杯一样。

"听说有很多学校虽然工作都是学生做的，但是老板抢了第一作者。"狄莫很庆幸这种事情没有发生在自己身上。

原来这就是科研。

⋯⋯⋯⋯⋯

"你说的没错，而且我感觉老板更像是英超的教练。不仅仅是教练，而且是经理，从转会到工资到比赛全权负责，对吧？"大师兄很赞成狄莫的想法。

"是啊，而且球员在场上能拼搏的时间就那么十几年，然后就挂靴当教练。听说李老大前几年还总在实验室？"狄莫问。

"对，我刚来的时候，带着我搭台子，做实验，算东西。所以你看头两篇文章是李老大当第一作者。后来我能自己干活了，李老大就退居二线当教练了，然后文章都让我当第一作者了，哈。"

大师兄毕业后去一个高校当了青年教师，他开玩笑说是去泡妹子。实际上，不想那么拼了。在狄莫看来，这相当于退役后干个电视解说员等清闲的工作一样。

"你以后毕业打算去哪儿？"师兄临走前问狄莫。

"没想好，到时再说吧，想先申请个国外博士后试试。"

"好，这个台子就交给你和你师姐了，好好干。有空去找我，请你吃饭。"

"明白。师兄你也好好干，给我多留几个妹子。"

"滚！"

…………

"做实验、写程序、踢球、打游戏、偶尔思考一下自旋。这就是我全部的科研生活？"日子一天一天过，狄莫总觉得自己缺了点什么。

"废话，当然缺个女人！"

穿越费曼图

"你也要去法国？真巧！我们摄制组要去取景，7月份。"

"太好了，我是去巴黎待半年，7月份刚好我在！"

"好啊，巴黎见哦！"

"没问题！"

狄莫抑制不住内心的喜悦。没想到可以在巴黎和赵婷婷见面。

李武越出经费让狄莫去巴黎高师学习"分子芯片"的一些技术。就是在芯片表面，一些突出的导线通过电流之后，能产生小范围高梯度的磁场，可以对某些分子做到有效囚禁。

而赵婷婷硕士毕业后，顺利地进入了北京卫视工作。这回作为记者跟着摄制组去拍一些有关旅游的纪录片。

"不知道她和现在的男友分没分，说不定我还有机会。"狄莫很期待相聚那天的到来。

回想三年前那个夏天，狄莫大学毕业的暑假，路过北京陪着赵婷婷玩了好几天。他夜里混在她们班男生宿舍的空床睡觉，白天陪着她不是逛故宫逛天坛，就是游圆明园游颐和园，最后还爬了一回八达岭长城。那时赵婷婷和大学处了两年的男友刚刚分手，情绪低落。狄莫又是扮演铁哥们又是扮演心理医生，很快让赵婷婷走出阴影，进入硕士阶段的生活。

可狄莫当时仍不敢有多余的想法，他似乎觉得父辈之间有一种东西在阻隔着他们。虽然是老战友，但他爸和赵叔之间价值观可能有冲突，这导致了两人完全不同的人生轨迹和经济条件，于是他们的子女也变得门不当户不对。

"就我对她多年的了解来看，八成现在这个又分了，不然她不会有时间联系我。"

办了护照，搞定了申根签证，狄莫踏上了第一次出国之旅。巴黎高师，翻译过来的全称是巴黎高等师范专科学校。在望文生义的中国，哪个学校敢起类似的名字肯定不讨好。但是这所学校是法国数一数二的研究型大学。狄莫来交流的地方叫做卡斯特勒·布罗塞尔（Kastler-Brossel）实验室，从属于法国国家科研中心（CNRS）。实验室由两部分组成，主要部分在巴黎高师，剩下的部分在巴黎六大。

这个实验室出过3个诺贝尔物理学奖得主，全是在AMO领域。而最近也有了比较领先的分子囚禁技术。狄莫此行的目的就是来学习这个技术，然后回国自己复制一套再改进一下，完成自己的课题。

…………

　　在国内已经熟悉如何用 MATLAB2027a 软件来计算芯片表面磁场分布的基础上，狄莫来到法国很快就进入工作状态，参与到旧版分子芯片电路调试和新版分子芯片设计的工作当中。经过三个月天天"实验室—办公室—宿舍"三点一线的生活，狄莫等来了 7 月，赵婷婷要来的日子。

　　"这儿可是浪漫之都，你居然来之后哪儿都没去逛？宅男！"

　　"我这不一直等着你么。拍完片了？"

　　"拍了差不多一半，休息两天。我同事都分头行动，去购物了。"

　　"那你肯定比我更熟悉巴黎，你带着我逛吧。"

　　"你真好意思！让女生带路。"

　　…………

　　卢浮宫，赵婷婷望着蒙娜丽莎的微笑，陷入沉思。

　　"狄莫，你是学物理的，你说人到底能不能回到过去？"

　　"你是说穿越吧？放心吧，不可能。"

　　"为什么？"

　　"违反守恒定律。你知道能量守恒和动量守恒定律吧。你说这平白无故突然冒出一个人来，一下子就打破了。"狄莫还想继续给婷婷讲诺特尔（Noether）定理，告诉她能量守恒代表物理规律必须保持时间平移不变性，动量守恒代表物理规律必须保持空间平移不变性。但想想算了，婷婷肯定听不懂。

　　"那为什么有那么多科幻作家写时间旅行呀？"

　　"他们有几个是学物理的？"

　　听完狄莫的不屑，赵婷婷陷入沉思。而狄莫也看出了赵婷婷有心事，于是不经思考地问："咋的了姐们？做啥后悔事了想穿越？"

"没什么事儿。"

"又分手了吧？"

"不用你管！"

也许是赵婷婷无意的一句话，但是让狄莫特别难受。也许自己在婷婷心中就是一个无关紧要的位置。当婷婷不需要他的时候，可以一年半载不联系他。当需要和他聊天调整心情的时候，才会想到他。

狄莫想着该不该告诉赵婷婷自己喜欢她……巴黎，卢浮宫，《蒙娜丽莎》。这是多么完美的场景……但是他没有勇气告诉婷婷。

几年之后，狄莫明白了当时并不只是勇气的问题。

…………

在浪漫之都你看到了蒙娜丽莎的微笑，

你说这对你很好。

这次旅行让你度过了感情的低潮，

你觉得曾经爱得太苦。

感谢我听你倾诉，

温柔的痛苦。

在我的梦里因为可以和你相爱而骄傲，

然而你都不知道。

我期待在你爱的世界里变得重要，

你要把爱人慢慢寻找。

对你付出的一切，

只换来我对自己苦苦的嘲笑。

蒙娜丽莎她是谁，

她是否也曾为爱争论错与对。

为什么你总留给我失恋的泪水，

却把你的感情付给别人去摧毁。

蒙娜丽莎她是谁，

她是否也曾为爱寻觅好几回。

她的微笑那么神秘那么美，

或许她也走过感情的千山万水。

才发现，爱你的人，

不会让他的蒙娜丽莎流眼泪。

　　　　——林志炫《蒙娜丽莎的眼泪》

…………

如果穿越不违反能量和动量守恒，会发生什么？和赵婷婷分别后，狄莫不停地问着自己。

时空中 A 和 B 两个点，B 点在时间上是 A 点的未来。历史轨迹如同一条线，先经过 A，再经过 B。假设一个家伙从 B 点往 A 点穿越，如果要保持整个历史轨迹的动量和能量守恒……狄莫很自然地想到了费曼图。确切地说，是量子场论二阶微扰理论中的圈图。

"这真的很像一个圈图！"狄莫觉得很有趣，这是那些科幻作家很难想到的。好了，定义这个轨迹的"动量－能量"张量 (p, E)，那么这个轨迹会在 A 点一分为二，一条携带 (p_1, E_1)，一条携带 (p_2, E_2)。为了保持动量和能量守恒，当然需要 $p=p_1+p_2$，$E=E_1+E_2$。然后这两条线在 B 点合二为一，继续携带 (p, E)。

假设 (p_2, E_2) 这条轨迹是一个或一群脱离人类社会的旅行者，$(p_1,$

E_1）这条轨迹是人类社会剩下的部分。如果（p_2，E_2）逆着时间运动，即从 B 点到 A 点，这不就成了不违反动量和能量守恒的穿越吗？想到这里，狄莫觉得自己很有科幻天赋。

"我姑且就叫它'穿越费曼图'好了。"

狄莫分析了一下：A 点产生一个旅行者，那么必须要失去一个和旅行者的动量和能量都相等的东西。等时间流逝到 B 点，旅行者必须要出发，这样 B 点必须同时出现一个和旅行者动量和能量都相等的东西。这似乎很难办……

狄莫想到，除非 A 点和 B 点都是 4 角顶点。那么历史轨迹（p，E）就应该在 A 点分裂成三条：（p_1，E_1），（p_2，E_2），（p_3，E_3）。当一个旅行者（p_2，E_2）从 B 点穿越到 A 点的时候，A 点必须有另一个旅行者（p_3，E_3）穿越到 B 点。这两个旅行者必须动量和能量完全相同。这意味着 $p_2=p_3$，$E_2=E_3$，$p_1+p_2+p_3=p$，$E_1+E_2+E_3=E$。

于是狄莫幻想了这样一个场景：人类在时间点 A 之前造出了穿越的机器，然后安排一个旅行者坐上去。在未来，即时间点 B 之前的一分钟，一个未来的旅行者坐在同样的机器里正调整着动量和能量。当他的动量和能量调整到和 A 点的旅行者完全相同的时候，穿越启动，两位旅行者互换，完美！

当然也可以把故事幻想的再软科幻一些，弄一些神秘事件，什么小黑洞、外星遗迹、另一维空间等。然后让两个妞互换，一个白领穿越回清朝，同时一个格格穿越到现在等。当然，你也可以幻想再疯狂一些，让 20 岁的你和 30 岁的你完成一次互换，前提是确保体重不会变的情况下。

但是，狄莫要面对所有穿越的幻想都无法解决的一个逻辑硬伤——这个穿越费曼图如何能避开"外祖母悖论"？假设从 B 穿越到 A 的旅行者，

在时间到 B 点之前阻止了自己父母相识，干掉了他老爸，或者更直接一点，把年轻时候的自己给干掉了，怎么办？

根据因果律，旅行者干掉年轻时自己的那一刻，自己会突然消失。这样的话，只有让另一个旅行者现身，才能保证动量和能量守恒。也就是说，他干掉自己的那一刻成了 B 点，而原来的 B 点不复存在。B 点之后继续着（p，E）这个历史轨迹。

那原来的那个未来去哪里了？消失了？这样无法解释第一个旅行者的出现。于是，狄莫发现，想改变历史轨迹似乎是不可避免地要引入多世界。但有没有单世界的可能？单世界意味着第一个旅行者不可能杀掉幼年时的自己，也不可能修改任何历史。这陷入了其他关于时间旅行的俗套之中。

有了！如果这个旅行者杀了年幼的自己，修改了这个历史。但他不消失，而是突然变成了另外一个人。因为在未来，他已经不在，而未来的 B 点必须要传送一个和他动量和能量一模一样的旅行者到 A 点。于是他杀死年幼自己的那一刻，自己变成了这个旅行者。也就是说，他杀死年幼的自己这件事，不但改变了未来，同时改变了过去。但他所做的改变只是延长了 A 点和 B 点的时间间距，A 点以前和 B 点以后的时他没法改变。

好了，这个脉络清晰了。狄莫把从 B 点穿越到 A 点的旅行者（p_2，E_2）称为"穿越者"，把从 A 点穿越到 B 点的旅行者（p_3，E_3）称为"补偿者"，因为他补偿了穿越者对历史轨迹引起的动量和能量变化。$p_2=p_3$，$E_2=E_3$。

好，如果穿越者改变了历史，抹去了自己。那么他就改变了 B 点的时间和空间坐标，同时这一瞬间他会变成"第二穿越者"。这个第二穿越者正是在改变之后的 B 点穿越到 A 点的。至于那个补偿者，也要穿越到这个新的 B 点。

狄莫发现，这个穿越费曼图真的好像费曼图，A 点和 B 点之间就是离壳（off-shell）的，充满了无限的可能。但是 A 点之前和 B 点之后是在壳（on-shell）的，无法改变。

…………

回国后，狄莫迫不及待地把这个想法告诉了他那个喜爱科幻的师弟，还有那个爱看电视剧的师妹。

"师兄，这么好的点子，写个科幻小说吧，说不定就红了，好莱坞请你去写电影剧本。"

"等我毕业再说。还有不到两年了，我可不想延期。咱要花一年时间把新的分子芯片做出来。"

…………

狄莫始终没有把这个想法告诉赵婷婷。第一，他不确定婷婷是否能听懂这个稍显复杂的穿越费曼图。第二，他觉得以赵婷婷的性格如果穿越到了过去，十有八九会改变历史，让自己消失。尽管是个疯狂的幻想，他也不想让婷婷消失。

二、场

我是个博士

李武越想了一下："既然时间不够，就别冒险投 PRL 了，理论和实验分成两篇文章。理论写详细点，投 PRA。实验写成 letter，投 APL。"

"好！"狄莫说服了老板。距离如期毕业的时间还剩不到一年，需要两篇拿得出手的文章来拿博士学位。如果再早一年做出这些结果，狄莫可能还会试着投一投 PRL 看看运气。但是现在，时间明显不够和审稿人来回打架，还是稳妥点投两个影响因子在 3 ~ 4 的杂志算了。

两个月内，陆续收到了审稿意见的电子邮件，比较倾向发表。狄莫非常高兴，这意味着自己可以如期拿到博士学位。经过稍许的补充数据和修改，两篇文章均在第二轮审稿的时候被顺利接受。这样都轻松满足了学校博士学位的发文章要求——两篇影响因子加起来大于 5.0。

和最近每一届都有延期毕业经历的师兄师姐们相比，狄莫在李武越实验室算是一个不大不小的奇迹。毕竟从写文章角度来讲，做实验的无法像做理论的那样高产。

…………

"我已经错过了找其他工作的时机，因为一心想着出国做博士后，那就发电子邮件申请呗。"既然都博士了，狄莫真的不忍放弃这条路而改行。况且刚发了两篇论文，对于接下来的学术生涯是个开始。

在文章被接收后，狄莫已经有了足够的资本去谋那些不错的实验室的博士后位置。不过这一年世界的经济形势不是很好，美国和欧洲都是如此，实验室缺钱。无奈之下，狄莫做好了申请基金的打算。

李武越几乎给狄莫写了最好的推荐信，当然为了内容不至于看起来太假，整体还是谨慎一些，但信中一直强调他的能力出众，并寄予厚望。相比于大多数学生自己写，导师签个字的情况，李武越真的是非常认真的。

狄莫开始一封一封地发申请材料的电子邮件。第一选择当然是自己曾经待过的法国卡斯特勒·布罗塞尔实验室，毕竟这里最稳妥，老板也熟悉他的能力。那边的老板果然很快回了邮件，客气地告诉他实验室确实缺人，但是也缺钱。有一笔经费大概一年后才能下来，于是问他想不想申请一些专门的博士后基金。

"看来没得选择了，我需要申请'玛丽·居里'基金了。"狄莫告诉李武越。

"这个基金申请的成功率大概多少？"

"30% ~ 40%？大概这样。"

"竞争还很激烈。第一步当然是先申请，同时再联系其他的。我当年申请德国的洪堡基金就曾失败过一次。"李武越又想起那不堪回首的往事。

"明白，其他实验室我也正在申请。今年好像形势不太好，好多实验室都缺钱雇人。"

"对，金融危机刚过，还没缓过来呢。你看那些大公司都在裁员。我们做科研的人虽说是去非盈利机构，但是受经济状况的影响还是很大。尤其在欧美，科研经费除了政府会拿一部分，一些大企业也会给不少钱。遇到金融危机，企业的日子不好过，自然会暂停一些基础科研基金，同时政府也会削减不少经费。"

"李老师你说我咋这么倒霉，毕业赶上金融危机。"狄莫显得有些怨天尤人。

"别这么想，总有倒霉的一代人。我当年毕业也赶上了金融危机，比这次的还要严重。往久远了说，'文革'那会儿那批老科学家连科研都没法做。不是更惨？实在不行就等一等，现在经济形势在好转，慢慢就会有实验室招人。说实话如果学校允许留自己的博士我还真特别想留你。"

"那我就出去好好干两年再回来。"

"好！"

"不过李老师，这个基金要等半年，可能毕业后我半年内要一直等，无事可做。"

"这好办，我现在刚好筹备个公司，依托咱们学校的。要不你毕业后先挂个职吧，带工资。这半年帮着我筹备筹备，事不多。有时间还可以多回实验室带带你师弟师妹们。"

…………

毕业答辩的那天，一切都像走过场一样——因为这就是走过场。在答辩委员会的这些教授眼中，好歹狄莫算是这几年做得比较好的、发的论文比较拿得出手的学生。

不过宣布狄莫获得学位的那一刻，狄莫还是有些小小的激动——这个该死的博士学位终于读完了。

第二天一早就穿着学位服在校园里拍了很多照片。对比着自己 5 年前

大学刚毕业时的照片，狄莫感慨万千。从一个精神帅气的小伙一步步在往大叔方向转变，身材已有些发福，好在头发还依然浓密。

"当年哥在地铁和公交上，美女主动往哥身边坐。现在倒好，哥往小姑娘身边空座坐，她都的往旁边挪一挪，怕蹭到她。魅力不再了……"毕业的宴席上，狄莫喝多了，向师弟师妹们不停地自嘲。

我是个博士！

…………

墨菲定律——很多时候事情总是朝着预想的最坏的情况发展。这当然不是什么真正的定律，只是一种心理学现象。倒霉的事情总比幸运的事更让人印象深刻。所以古人都曾说"福无双至，祸不单行"。

狄莫不幸地碰到了这种情况。发出去的申请邮件只有1/3左右的回信率，而且回信内容基本都是："Your experience is very impressive. However, we do not have enough foundation this year..."

这意味着什么？短期内，或者可预见的时间内，只能押宝在那个"玛丽·居里"基金上了，等年底才能有结果。狄莫干脆把电脑桌面换成了居里夫人，每天拜一拜。

…………

博士读完后的那个暑假，狄莫回到了遥远家乡。自从读研以来已经5年的暑假没有回过家了，今年打算陪父母多待一段时间。

回到家，直接赶上黑龙江的一次汛期。江对面的俄罗斯，已经出现洪灾，泄洪更导致了江这边自己家乡的危险。

"儿子，你出国那事啥时候有信啊？"

"急啥，等年底呢。"

"那你这半年咋整？去你老板那个公司干活？"

"那还是个皮包公司呢，啥也没有。他说去不去随我，只是挂个名，把档案先存那儿。你就别跟着瞎操心了！"

狄虎心想儿子已经是博士了，一问就不耐烦，自己以后说啥这小子更不能听了，干脆不问了。

"妈，我九月中旬再回去，在家多待几天，那时候票好买。"

"太好了，儿子。对了，你孙姨想给你介绍个对象……"

"得得得，我信不过她那眼光。"

"妈看了，姑娘白白净净的，个头也不矮，挺好。"

"拉倒吧，就你那眼光？真不咋地。咱家啊，就我爹眼光好。"

狄虎听了傻笑，以为在夸自己，三秒之后觉得不对劲："你个臭小子，拐着弯儿埋汰你爹！"

…………

就这样，9月中旬，随着家乡洪水的威胁缓缓退去，狄莫也急匆匆地回到了学校。已经毕业，学校寝室也不能随便住了，李武越以要筹办的公司的名义在学校附近租了个一楼的门面房当办公室，狄莫就暂住在这里。狄莫给自己立的计划是，这半年多补充一些物理基础，多思考和自旋有关的物理。这是难得的一个时间段，没有课题压力，可以想一些自己喜欢的问题。

9月，北方已经入秋，上海还是夏天。大街上到处可见穿短裙T恤的美眉，这也是狄莫想尽快回来的一个原因——抓住这个夏天的尾巴，体验一下轻松自在的生活。

狄莫经常傍晚坐地铁到外滩附近，一路逛到淮海路。时间太晚的话就找个网吧玩一夜，打打游戏，看看电影，第二天坐地铁回办公室补觉。每

周也经常会回自己实验室两天，帮帮师弟师妹，同时跟李武越聊聊天，讨论一下怎么筹备公司。

在十一长假的一个傍晚，狄莫溜达到了徐家汇附近。在街角处的一家按摩店门前，发现了一个妙龄女孩在和一个年轻的金发老外比划，似乎交流不太通畅。

狄莫听见这位老外在说："Girl, I want to know what kind of massage you do, and how much is it per hour?"

这个女孩似乎没听懂，支支吾吾地回答，断断续续。

老外似乎看上了这个姑娘，想要她的服务，但是沟通费劲，过了两分钟有转身要走的意思。

狄莫上前对老外说："Hi Sir, I think I can help you."老外又把头转了回来。

狄莫转过去问这个女孩："你是做按摩的？"

"是呀。"女孩的普通话不太标准。

"全身按摩还是足疗？"

"都可以的。"

"行，我帮你翻译。"然后转身问这位外国人："She does both body and foot massage, and you can choose either or both of them."

外国小伙露出了笑容，用不太标准的中文说了一生"谢谢"，然后随着这位姑娘走进了那家小小的按摩店。

三天后，狄莫又一次来到这里，看到的还是这个姑娘站在店门口。并没有那些浓妆艳抹，看上去就像普普通通的按摩，而不是那种特殊服务的风尘女。

"姑娘，记得我不？"

"哦，你好。"

狄莫心想果然是个新来的，换成老手这个时候肯定会叫声哥什么的。

"我想做个按摩。"

"好啊，那进来吧。"

按摩店里坐着另外几个姑娘，还有两个看上去40来岁的中年男女，貌似老板和老板娘。

狄莫随着这个姑娘走进了房间。姑娘的手法有些轻，但很舒服，能了却一身的疲惫。

"小妹你哪里人啊？"

"我老家是湖南的。"

"刚来上海吗？"

"对的，刚来一个月。"

"我看店里有好几个姑娘，为啥就你一个人站外面等？"

"是这样子的，这边外国客人多。屋里这些姐妹初中毕业就出来打工了，英语说得都不好。我上过两年高中，会一点，所以老板就让我站在门口招呼那些外国客人。"

"哈，那天那个老外说的你咋没听懂呢？"

"他说得太快了呀，和我书上学的不一样。"

狄莫突然冒出个想法，以后在这边太晚错过末班地铁，说不定有一招可以既不用花钱住旅馆，又可以不用去网吧包夜。

"小妹，我来教你英文如何？每天练一点，一个月，就能跟这些老外沟通了。"

"当然好了，不收学费吧？"

"哈哈，不收，不过一会儿你和我一起跟你的老板商量一下。我可能偶尔要在这里住一晚。"

"哦。"

"对了，我还不知道你叫什么。"

"叫我小玲好了，你呢？"

"我叫'魔头'。"

"什么嘛？"

"哈，我姓狄，狄仁杰的狄。"

"那就叫你狄大人喽？"

"随便。"

…………

"老板，这位就是上次帮我给那个外国客人翻译的大哥，他想教姐妹们英文。"

"噢？你是老师？"

狄莫心想，我总不能告诉他其实我是个搞物理的博士吧。算了，干脆说我是个学生。

"不，我是个在校的研究生。"

"哎呀妈呀，研究生，是不是老厉害了？"

"也没啥，这年头研究生到处都是。"

"兄弟，听你口音是东北的吧。"

"嗯哪，老板你也是吧。"

"我家是吉林的，你呢？"

"黑龙江。"

"谢谢你了，兄弟。我姓孙，不嫌弃的话就叫我孙哥吧。上次帮小玲给老外翻译那事真是谢谢你了。我这里这帮姑娘都是初中毕业就出来打工了，而这里使馆多，外国人多，姑娘们外语都不太好，应付不了。"

"孙哥，我自己的课题和服务业有关，这半年出来做社会调查，写论文。你看这样行不行，我可以教你店里这些姑娘英文，让她们能跟老外沟通，这样对你生意也好。放心，免费。只不过我这半年经常往这边跑，做调研，偶尔晚上太晚回不去，能在你这儿借宿不？"

"那行啊，没问题啊，你愿意教我这帮姑娘真是太好了。"从孙店主的角度讲，这个生意很划算。狄莫也是这么想的。但是没想到店主答应得这么快，在他看来并不是东北老乡的近乎，而是这家店貌似很正规，不做那些特殊服务，所以店主对他也没有戒心。

这真是一个够疯狂的举动。店里看上去20出头的几位小姑娘都眼巴巴地看着狄莫。

"你们平时什么时候开门？"狄莫问这些姑娘。

"一般中午开门，到夜里两点。"

"下午活少是不是？"

"嗯，一般都晚上忙。"

"行，我以后每周来两趟，周二和周五。下午抽出一个小时，教你们一些用得上的单词和对话，一个月估计就差不多了。"

…………

"我不但是个博士，而且是个独一无二的疯博士。"——狄莫

堕落天使

"Dear Dr. Mo Di,

We are sorry to inform you that due to the extreme competition this year, we can't offer you the Marry-Curie fellowship. However, we highly recommend you to reapply the fellowship next year..."

这个结果犹如晴天霹雳一样。尽管狄莫做好了一切心理准备，但依然难以接受。基金申请失败，击碎了他半年来的所有努力，也让他的前途变得扑朔迷离。

"怎么办？继续申请？还是找个学校当个老师算了？不行，我要坚持下去，不能轻易向命运低头。"狄莫再一次打开那些招聘网页，期待圣诞节后会有新的博士后工作机会。

学习经典力学的时候，每个人都会认为世界一切都是确定的，一切不过是物理方程的时间空间演化。如果我们准确知道上一刻一切的物理状态，我们就能够准确预言下一刻能够发生什么。

量子力学会让你对此产生怀疑。一个量子叠加态，通过测量塌缩到哪一态，只由概率决定，确定性在这里终结。

很多人，包括很多物理学家，仍然在幻想量子力学是不完备的，背后仍然有一个类似经典物理一样的确定的理论在支配。但狄莫不这样认为。如果量子力学背后真有这样一个确定性的理论，它应该早已露出马脚，早被发现了。可是量子力学诞生已经一百多年过去了，没有任何关于这个背后的确定性理论的蛛丝马迹。狄莫想即使有这么一个理论，人类直到灭亡都不一定找得到。

于是狄莫深信未来的一切并不是确定好的，他觉得宏观的那些"确定性"不过是微观世界"不确定性"的一个近似。人可以改变命运，可以选择未来。当然，最终的命运还要交给概率。

狄莫把邮件抄送给了李武越，并说出了自己还要继续坚持申请的想法。

"我帮你小子想了个后路。既然筹备公司的事好多东西批不下来，就先放一放。我推荐你到浦东科技园里面那个中科院上海高等研究院，那里有博士后的名额。有几位老师，都是各个所里出来的，想在那儿建新的实验室，面向产业一些。"李武越看到邮件后直接给狄莫打了电话。

"谢谢李老师。那边待遇咋样？"

"当然不能和国外比了。不过你先稳定下来，再找机会。"

"在那儿是不是以后就不能做物理了？"

"那边以技术为主。平时有时间再做物理，跟我合作写点论文什么的。"

…………

狄莫很快跟高等研究院谈妥，春节后就去报到。到时做的课题还是分子阱。不过不再是探索新的技术，而是把原有技术做稳定，做成产品。

…………

"哥，晚上有时间吗？好久没见你来了。"

狄莫收到了晓玲的短信，才想起来已经有两个月没再去市区那边了。其实自己在这个店里只断断续续住了一个月，教会了这帮姑娘一些简单的英文。估计现在她们生意不错。

"哎呀，好久没来了兄弟。"小店的孙老板看到狄莫突然出现的门口，赶忙打招呼。

"最近我可能要换工作单位了，孙哥，以后不能经常过来了。"

"那你得跟晓玲说，哈，就她老念叨你。"

"生意最近咋样？"

"还不错，多亏你教这些姑娘。老外越来越多。你看，都忙着呢。"

"那我等会儿晓玲吧。"

时间不长，狄莫无法判断晓玲对他的感情是一种爱还是一种依赖。他唯一期盼的就是这姑娘不要最终堕入风尘。但是在这种地方——就像量子退相干一样，服务行业像晓玲这样有点姿色的姑娘，大多抵不住金钱的诱惑。而不远处就是一个高级商务休闲会所……

狄莫回忆起晓玲曾给他讲过自己的身世。爷爷、奶奶、外公、外婆都是农民。爷爷曾因为进城摆摊，被城管打成重伤，最终不治身亡。对方只是赔了点钱就草草了事。奶奶不久也去世了。那时她才5岁，跟着进城务工的爸妈生活，在工地长大。后来打工学校拆了，她只能回老家和外公外婆住在一起，到很远的县城上中学。

她是个很聪明的孩子，高中时的学习成绩不错，可是在高二那年，她爸受了严重的工伤，只能回家休养。家里没有足够的钱供她和她弟弟上学，于是她只好放弃高考，高中毕业就出来打工。先是在苏州一家工厂，后来来到上海。

狄莫一直认为如果晓玲家境好一些，或者说她爸不受伤。她现在应该是一个刚大学毕业的学生，天天坐办公室里，是个白领。命运的确不公平。

看到这里，你一定会认为晓玲的弟弟还在上学，需要晓玲挣钱寄回家，那你就错了。晓玲的弟弟也在外打工，因故意伤人罪被判了两年，正在坐牢。

狄莫想着尽管自己家庭状况一般，好歹老妈在学校有固定工资，老爹到俄罗斯来回拉货虽辛苦，也能维持家用，并供他读完大学。到了研究生阶段，狄莫自己经济独立，爹妈没大病，生活也不愁。也许这就是最大的幸福。

…………

"Dr. Demon，I miss you so much！"晓玲见到狄莫很高兴。

"把我当老外了是吧？"

"没有啦，你怎么这么久都不回来看看？"

"别提了，出国的事泡汤了，只能留在这儿再混两年。"

"没关系嘛，以后再出去。再说你在这里还能经常来看我。"

"还用我来吗？你最近生意这么好，钓没钓到那个老外帅哥？"

"去死啦。"

…………

春节假期后的某个夜里……

"你什么时候学会抽烟的？"狄莫有些吃惊地看着晓玲从包里拿出打火机和一根烟，点燃。

"刚学的。"

"掐了。"

晓玲听到后，转头望着狄莫。狄莫伸手把晓玲手中的烟拿过来，按熄在身边的烟灰缸里。说："别以为抽烟是很酷的事，尤其是你们女人。"

晓玲低着头不说话。过了一会，她对狄莫说："哥，我不想在这里做了，钱太少。"

听到这句话，狄莫感觉自己的预感正逐渐成真。

"你要去哪里？"

"对门的会所，那个老板想让我过去，平时就是陪客人喝喝酒。"

"只陪酒吗？"

"当然了。"

"希望如此……"

弦　声

又一年过去了，一切都还是老样子。

夏日的夜里，狄莫独自坐在路口。这个路口白天很繁忙，夜里却是异常安静，一分钟内听不到几次汽车的轰鸣声，只有风吹着树叶沙沙作响。路灯也显得昏暗。据说区政府为了环保，把线路改成每隔一盏路灯才亮一个。

路边没有什么高楼大厦，只有一个个所谓的高科技公司，一片片绿地，远处有一个看上去像体育场，实际叫做"上海光源"的庞然大物占据了一大片地皮。这个庞然大物，加上不远处的磁悬浮轨道，让周边的房地产开发变得越发缓慢。

狄莫一直觉得周边这些路拿科学家的名字命名很好笑——况且有些还算不上是科学家。

天热的时候，几乎每天夜里八九点，狄莫都要在这一带走一走，然后在路口坐一会，或者到身后的小河边坐一会。天天晚上宅在办公室也确实没意思。

但是今晚将要发生的事，注定让他一生刻骨铭心。

一阵轻盈但节奏缓慢的脚步声，让狄莫的视线从手机屏幕上移开。映入眼帘的是一双修长的美腿，配着一双时尚的凉鞋，隐约能看到粉色趾甲油的反射着路灯的光。

不用想，男人的本能使狄莫马上抬起头。

"哇！好久没见过这么清纯的妹子了！精致的五官、白嫩的皮肤、黑色的披肩长发、修长的身材。这妹子必须要多看几眼！"狄莫心想。

女人似乎天生有一种警觉，也许来自比男人更敏锐的双眼余光。当你从侧面盯着一个美女看几秒钟，她十有八九会顺着你的目光看过来。

狄莫心想："不好，被发现了。"赶紧低头，扭头看其他地方。但令他意想不到的是，女孩站在了那里，向四周张望了几秒钟，然后从他身边的绿地走向河边——说是河，其实更像一条小水沟。狄莫回头望着女孩的背影……

"不对，好像有个人影从另一侧进了绿地，尾随着她。不会是某个暗恋她良久的屌丝吧？哈哈哈哈。"这种事情在狄莫读研的第一年遇到过。期末备考的某个晚上，他从自习室回宿舍时，看见一个痴情男在 20 米外尾随着一个女生。女生进了宿舍楼，男生看了一会儿才拐回自己宿舍。而狄莫作为一个看热闹的，尾随了这二人一路……他真的不是无聊。

突然，狄莫想起了院里的老师曾经跟他讲过，说这河边的小树林去年好像出过一次事，有个中医学院的女大学生……狄莫迅速把手机揣进口袋，翻过栏杆向女生远去的方向走去。

河边的灯光昏暗，三个人就如同"螳螂捕蝉，黄雀在后"般地走着。狄莫尽量走在灌木丛的后面，以免被发现。眼看着那个身影离前面的女孩越来越近，狄莫也加快了脚步。

那个身影突然从背后抓住了女孩，女孩尖叫了一声挣脱开，那个身影又扑了上去……

"嘿！干吗呢！"狄莫边一边大喊，一边跑了过去。

这个色狼被突如其来的狄莫吓了一跳，僵直在那里。女孩吓得坐在了草地上。

"你别管闲事！"色狼指着狄莫。

狄莫一看这家伙比自己矮半头，看上去也没自己壮，心里顿时有了底。于是长舒一口气，缓解一下心里的紧张情绪。"哥们，先来后到，这妞今晚是我的了……"

狄莫下意识地假装同行来骗他。右手却在裤兜里摸着一把小刀，总共不到 10 厘米长。这是他小时候老爸狄虎在俄罗斯拉货时给他买的礼物，远没有瑞士军刀犀利的多功能，平时只能用来切切水果。

狄莫的手稍微有些发抖，但仍故作镇定。他想一旦这个色狼跟他动手，他就直接刺向对方的脖子，以防万一。因为他不知道对方手里有没有家伙。

气氛还在僵持，色狼没有跑的意思。狄莫心想这小子肯定是个新手，别看只有十几秒钟，足以让我记住他长什么样了。一个惯犯不会犯这种低级错误。

"这么着吧，哥们，我这儿有 500 块钱，今晚请你到河对岸，第三个路口，左拐。亮着粉红灯的那个门市房，里面有不错的妞。这个女孩今晚就让给我，如何？"狄莫左手假装在掏钱，右手继续摸着小刀。

色狼显然知道今晚无法作案，但愚蠢的是他竟然以为狄莫说的是真的，伸手跟狄莫说："拿拿……拿钱。"看样子他不想空手而归。

狄莫摸到自己的口袋里只有 3 张 100 的钞票："忘了刚才花了 200，还剩 300。你去说是我介绍的，她们给你打折。"狄莫说完才发现自己这个谎话编得有点蠢。同时心想："这女孩真是吓傻了，怎么不趁现在跑啊？"

"哇——呜——哇——呜——"一个貌似警笛的声音越来越清晰，色狼听到后拔腿就跑。

狄莫也没上去追，但同时非常纳闷："警察怎么可能来这么快，我没打110啊，莫非有摄像头？"

"哎？哎？你们拷我干吗？那小子跑了，想劫色那个跑了……"

…………

派出所内，狄莫被拉到审讯室录口供。民警问过个人信息后……

"跟我们说说怎么回事？"

"我救了那女孩，劫色的那个跑了，你们也不追！"

这时，另一个民警走进审讯室，递给两个审问的一张纸。

"你跟劫匪说要他把这女孩让给你？"原来纸上是女孩的口供。

"骗他呗。不然还一个飞踹过去啊？你当我李小龙啊？"

"你老实点！记得劫匪长什么样？"

"不到一米七，岁数可能和我差不多，平头、黑瘦……要不给我张纸，我给你画一下。"

"你等一会。"

十分钟后，民警拿过来一张铅笔画像："你看是不是这个人。"

"对对，就是这样，画得真像。"

"受害人画的，那个女孩。"

"过来，签字，按个手印，你就可以走了。"

"我想问一下，你们在河边安监控摄像头了？"

"没错，去年一个女大学生在同一个地方出了事，后来尸体在河里被发现。我们就安了实时监控。通过录像看，你像是见义勇为。等我们确认，根据案情我们随时会联系你。"

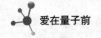
"那个女孩在哪儿？"

"在里面，我们等会送她回学校。"

"我能进去看看她不？"

"等我们确认了你是见义勇为，不是劫匪的同伙，再让她去谢你。你先回去吧。"

狄莫心想："靠，这帮警察。"

…………

两天后，狄莫还躺在床上睡懒觉，电话铃突然响起。好久没熟人给他打电话了，他心想不会又是骚扰电话吧？

"请问你是狄……莫先生吗？"电话那边传来一个妹子的声音。

"嗯，我是。"狄莫在猜是卖保险的还是办信用卡的……

"我是你前两天救过的那个女生，记得吗？"

狄莫嗖的一下从床上坐了起来："噢！记得，记得。"

"上次真是太谢谢你了，好危险的。"

"不客气，其实那会儿警察也快到了，不会出什么大事，放心。那个，警察不怀疑我了吧？"

"嗯，就是他们把你电话给我的。"

"那个，美女，要不请我吃个饭吧。"

"……好啊。"

"今天有空吗？"

"我看看，明天下午没课。明天下午好么？"

"好，你在哪儿？我去找你。"

"我在复旦大学张江校区。"

"离我很近，嘿嘿，我就在旁边中科院上海高研院。那就明天见？"

"恩，明天见。"

挂掉电话后，狄莫异常兴奋，好像自己年轻了七八岁一样。突然想起忘了问这个美眉的名字，于是狄莫马上发一个短信过去。

"妹子，不好意思，怎么称呼？"

很快收到回信："我叫林弦玉。"

"哈哈，听着像林黛玉。"

对方发过来一个鬼脸表情。

"好名字，我是学物理的。现代物理学里最美最高深的理论就叫弦论。"

"哇，你是学物理的，好厉害！"

"那我以后就叫你弦妹妹吧。"

对方又发过来一个鬼脸表情。

当天晚上，狄莫兴奋得失眠了。第二天下午，狄莫一顿收拾整理，早早地到了学校，等林弦玉下课。

"我是不是应该手里拿束花什么的？让太多下课的学生看到不太好吧？应该偷摸地找个人少的地方碰面，还是在校门口找家冷饮店等她？这是大学生该干的事，我这把年纪了……算了，找家咖啡店，装装高知。"

狄莫找好地方坐下，给林弦玉发了短信。

"这妹子可千万别带个男人来，那就悲剧了。估计不会，那么晚一个人走夜路，肯定单身……想那么多干吗，我这都该给她当老师的岁数了。"

…………

"你好，狄莫先生。"

"你好你好，请坐。"

点过饮品……

"小妹妹，今年大几了？"

"你猜呢？"

"大二？"

"哇，好厉害，这都能猜中。"

"当然，现在大一新生正军训呢。你看着像高中生，肯定大二喽。"

"那你呢？"

"我，博士毕业都两年了。"

"啊？"

"怎么了？"

"我还是第一次跟大博士聊天呢。"

"终于见到活的了，是吧？"

把小姑娘逗笑，这种事情真简单。她笑起来真美……

"小妹妹，你是学什么专业的啊？"

"药学。不过我不喜欢这个专业。"

"那怎么选了这个专业呢？"

"爸爸让选的，家里有个药厂。"

狄莫听到这句话差点没被口里的咖啡呛到。乖乖，千金啊！

"那为什么不直接学管理呢？"

"妈妈让我学管理，爸爸不让。他说最好先学专业知识，然后等我毕业，再让我读一个 MBA。"

狄莫越发不淡定了。从来没承认过自己像屌丝，但是在这个姑娘面前，自己觉得有点像了。

"可是我喜欢时装设计。我想转专业，家里不让。"林弦玉接着说。

"小妹妹，我觉得你很有艺术天赋，那天晚上在派出所，你把那个色狼画得真的很像。"

"我以前学过一点画画的。"

"我很好奇，当时我跟那个色狼僵持的时候你怎么不跑啊，是不是吓到了？"

"这个嘛，我其实是想看你怎么打倒他。"

"我去，对我那么有信心？你就不怕我是另一个色狼么？"

"你看着不像，再说你把他打倒之后就没有力气干别的了，然后我再跑，嘻嘻。"

"哈哈，小妹妹，人不可貌相。好多犯罪分子都是像我这样长得老实的。"

"你长的才不老实呢，你那双小眼睛一直盯着我看。"

完，原来早就被注意了，真糗。狄莫赶紧借题发挥："小妹妹，你说我要不是被你吸引了，也不会发现你有危险对吧，你应该感谢我这双贼眉鼠眼。"

"还得感谢你想花 500 元买我，结果只带了 300，对吧？"

狄莫恨不得马上钻到地板缝里。

"对了，小妹妹，你怎么晚上一个人走夜路啊，太危险了。"

"不认路……以前周末都是爸爸开车送我，不怎么坐地铁的。那天忘了出地铁怎么走了，结果就走错了。"

"哈，正常。女生一般都不认路。除非你是女汉子。"

狄莫把林弦玉送回学校后，心情还是久久不能平静。

…………

十一长假，大学寝室的两个哥们和狄莫小聚。

"家里开药厂的？我靠，必须拿下啊。"身材日渐发福的杜渐生开始给狄莫出主意。

"有代沟啊！哥们，我俩差9岁。"

"9岁不是问题，杨老先生当年差54岁，他可是我辈的榜样。"阿坤也不忘添油加醋。

"你说你个'魔头'，这几年我们没少为你的事操心，给你介绍好几个姑娘了，你一个都不去见。"

"就是，赶紧的吧。我孩子都快打酱油了。你不急，我们都替你急。"

"这年头老牛吃嫩草不是新闻。再说你这是屌丝英雄救白富美，天作之合。有几个男人一辈子能遇到这种机会？你偷着乐去吧。"

"这不放长假呢么，把小姑娘约出来，赶快。过了这村没这店。"

面对两人你一言我一语，狄莫有苦难言："先不说追到她的难度有多大。你们想，我这都该娶妻生子的岁数了，人家小姑娘大学还没毕业呢。她耽误得起，我耽误不起啊。"

"你小子就是想得太多。咱们这个年龄的剩女是一堆一堆的，都想闪婚。到时候管你又要房子又要车，你受得了？"

"那倒也是……"

…………

狄莫想找一些理由约弦妹妹出来，制定计划怎么追她。但后来发现自己完全是多虑了。他严重低估了这个妹子，而且越来越害怕接到这个妹子的电话，那是因为：

"博士哥哥，有时间吗？帮我写点作业……"

"博士哥哥，明天帮我搬东西……"

"博士哥哥，送我去……"

如果哪一次狄莫婉拒一下，那就麻烦了。这个弦妹妹会和他冷战，几天不联系。狄莫就会焦急得像热锅上的蚂蚁。没办法，他只能左哄右哄，一顿赔不是，有时还要附带点小礼物，才能和好如初，真是累。

"虽然名字像林黛玉，骨子里却是个这么彪悍的妹子……我还是叫她小弦吧。"

…………

时间很快到了圣诞节，狄莫想年底可能又有一堆事要做，想着就头大。平安夜的前一晚他接到了小弦的电话，心想："这回不是让我帮她做个圣诞树吧？"

"博士哥哥，平安夜带我去哪里玩呀？"

噢？没准儿这回是好事？"简单，带你去教堂。"

小弦一身冬装，宛若童话里的小公主。和她走在一起，在狄莫看来，比开着一辆法拉利或是兰博基尼还要拉风。

狄莫带着小弦来到了徐家汇的天主堂。平安夜，好几千教徒聚集一堂祷告，场面甚为壮观。

"我们去别的地方玩吧，这里我有点害怕……"小弦小声告诉狄莫。

"看样子不太适合咱们。这样吧，趁着时间还不晚，咱们去外滩旁边那个基督堂吧。"

"有什么不同么？"

"当然不一样，那边是新教，有文艺演出。"

两人兴冲冲地赶了过去。同样很多人，围得水泄不通。舞台上各式各

样演出，唱着对耶和华、耶稣，还有玛利亚的赞歌。

"人太多了，什么都看不见……你蹲下。"小弦对狄莫说。

"干嘛？"

"听话，蹲下嘛。"

狄莫无奈，只好蹲下身子。

小弦马上骑在了他的脖子上："耶！站起来吧。"

"你……"狄莫真是毫无办法。

"博士哥哥，为什么这个教堂比那个教堂好玩呀？"

"基督教有三个流派。头两个是天主教和东正教，就是随着罗马帝国一分为二而分开的。第三个是新教，就是加尔文和马丁·路德等人的宗教改革，从天主教分裂出来的。咱们之前去的是天主教堂，这个是新教堂。"

"哦，就是改革之后更文艺了是么？"

"嗯哪，要是在之前那个教堂，你敢骑我脖子上，神父会用石头把你砸下来。"

"又骗人家，讨厌……"

…………

"博士哥哥，你信上帝吗？"

"我是搞物理的。即使有那种上帝，也不是他们想象的耶和华的那种样子。上帝也要服从物理定律。"

"可是我觉得好像世界上真的有神。"

"why？"

"比如你呀，一看就是神派你下来保护我的。"

"啥？哈哈，那你还敢天天欺负我？"

"你是我的守护神兽，要听我话。"

"晕，原来是个牲口……"

…………

很快到了新年，狄莫收到了小弦的贺卡和礼物。贺卡上是小弦自己画的一个栩栩如生的，好像《魔兽世界》里的某个角色，或者 DOTA 里某个英雄。

狄莫明白小弦并没有将他定位成恋人，而是定位成一个类似兄长和守护者的角色。但这些都无所谓。

小弦就像一个强大的中心势，将狄莫这个粒子牢牢地束缚其中，把他这个四处漂泊的自由场（free field）变成了局域场（localized field）。

狄莫从未想过逃离。回想起来，他一直觉得这段日子是他一生中最快乐的时光。

多体终结

上海这个城市似乎根本就没有春天和秋天，尤其是在全球气候越来越诡异的时候。4 月底居然已经炎热如夏。

貌似全球经济有了一定的好转，狄莫投出了一堆新的电子邮件，申请着欧美博士后的职位。

突如其来的气温变化，让他睡觉忘记关窗，结果得了严重的感冒，发烧并头痛。于是在周末他只能吃些药，窝在宿舍的床上，用厚厚的被子裹着自己，希望能尽早好转。记忆中至少 5 年没发过烧了，他不得不慨叹随

着年龄的增长，自己的身体已经不如当初。

"博士哥哥，你居然也会生病？真不可思议。我去看看你。"小弦的电话让狄莫的头痛减轻了许多。

"危险啊，我怕传染你。"

"没关系啦，本姑娘很少生病的，不怕你。"

"那个，我屋里没怎么收拾，你来的时候别嫌乱啊。对了，你第一次来，能找到地方不？"

"放心吧，我跟你学会认路啦……"

告诉小弦门牌号之后，狄莫没有锁门。一个小时左右，小弦来到了这里并直接进了屋，发现狄莫裹着大被侧躺在床上，非常有趣。

"哈哈哈哈，你像个大虫子。给你买水果啦！"

"谢谢啊。我今天血掉光了，没法被你召唤了。"

"没关系呀，倒下了也是我的守护神兽，我还可以召唤。"说罢小弦居然调皮地直接坐到了狄莫身上。

"我都这样了，还欺负我。"

"哪里欺负你啦？我在帮你治病。"

"有你这种治法吗？！"

"有呀，我自创的。"小弦脱掉凉鞋，一条腿跨过了狄莫的身体，骑在了这个大虫子上面。"嘿嘿，真好玩。"

狄莫烧的双眼只睁开都很艰难。但是在有限的视界里，依然看到今天小弦居然穿的是他第一次见到她时的那条牛仔短裤。在它的衬托下，小弦修长白皙的双腿一览无余，狄莫有些激动。

"大虫子，看看你烧得有多厉害。"说罢，小弦更是调皮地把一只脚放在了狄莫的额头上。

狄莫彻底崩溃了，心想你个小丫头，居然趁我重病体力不支的时候赤裸裸的挑逗我！要不是我烧得大脑犯晕四肢酸痛连坐起来的力气都没有，哥今天绝对把你给办了，让你从美少女变成美少妇……

"哇噢，这个大虫子果然有点热哎……呀！讨厌，居然咬我……你个大坏蛋！"

"咬你是轻的，你再不下去信不信我一个翻身把你摔地上啊？"

"不下，就不下去。我要骑大虫子。"

"我翻身了！"

"你敢？"

"翻不动啊……你最近是不是长胖了？"

"你才胖了呢！你个大坏蛋！"

"……你不能对患者使用暴力……啊……我错了……"

"算了，不欺负你啦。我先回学校喽，下午我跟室友要出去逛街。你快点康复哦，五一还要找你帮我搬东西哩。"

"怎么又搬啊？"

"女孩子东西，多不行呀？"

"行……行……"

…………

找他帮忙——疏远一阵——又找他帮忙——又疏远一阵。狄莫已经习惯了小弦的这种节奏。她似乎不会让两人的关系更进一步，而一直天真地把狄莫定位在守护者的位置上。不知是想单纯地保护这种天真，还是受某种现实状况、年龄差距和家庭背景的影响，狄莫也不再想更进一步。

狄莫没有告诉小弦自己准备出国的打算。但他心里盘算着能找一个好的实验室，好好做两年，出点好论文，回来找个好职位。到那个时候小弦也大学毕业了，年龄差距不再是问题，到时他再好好地追求她。

…………

身为一个还原论者，狄莫相信这世界一切的复杂都来自简单的基本粒子和它们之间的相互作用。如果基本粒子之间没有相互作用，哈密顿量里只有孤零零的自由项，宇宙就是一群视对方都不存在的自由场，这个世界会非常的简单和无聊。正因为粒子间存在相互作用，即在哈密顿量里增加那么一个耦合项，宇宙才会变得如此丰富多彩，才会诞生出各种复杂的系统。

但简单并不等同于容易，复杂也并不等同于困难。在物理的世界里，两者很多时候是相反的。基本粒子那些看似简单的特性，却远超出人类的想象力。波粒二象性、非定域、规范对称性，当然还有让他纠结一生的自旋。那些复杂系统，很多时候更容易理解，尤其是可以能近似到用经典物理学描述的时候。

狄莫想过如果把人比喻成基本粒子。那么正是人与人之间的相互作用决定了人类世界的复杂和丰富多彩。相互作用越多，人类世界就越复杂。这些相互作用里，有一种叫做交易，有一种叫做信任，有一种叫做欺骗，有一种叫做斗争。与此同时，有一种叫做亲情，有一种叫做友情，还有一种叫做爱情。纷纷扰扰的各种相互作用，把一个个人类的个体构建成了复杂的社会。

一个人只是个单体问题，自由粒子，或者叫自由场。两个人就会复杂到少体（few body）问题，形成一个束缚态。三个人，那就是复杂的多体问题了。

…………

第三个人的出现充满了意外，让一切变得复杂。这都从一个电话开始。

"狄莫？哈，你果然还在用这个号！"

"赵婷婷？"

"是我，好厉害，一下子就听出来了。"

"哈哈，好几年没联系了，最近怎么样？"

"一言难尽。你还在上海吧？我去找你。"

…………

"变化不小啊！姐们儿，越来越有富婆气息了。"

"滚，你这种男人最气人了！不显老。"

久未谋面的二人聊了很久。狄莫知道了赵婷婷和那个官二代男友曾经到了谈婚论嫁的地步，后因对方劈腿而前功尽弃。工作上，本来凭能力和资历都应该是她接任主播，但因空降一个家庭背景雄厚的美女而作罢，只能继续从事幕后工作。人生不如意十之八九。

两人已不再年轻，青梅竹马的小伙伴借着酒精的作用互相吐露着心事。

"你这不是拉皮条吗？"赵婷婷对狄莫初遇晓玲的故事评论一针见血。

"你可真有种。可惜应该让那个小萝莉家里给你点感谢费，然后事情就这么完了。现在这情况，你最后很可能人财两空。"听过狄莫轻描淡写地讲了他和小弦的故事，赵婷婷不忘泼冷水。

"我猜她家里不知道这事。"

"肯定不知道，不然你们俩不会有任何来往。换你你会让你刚上大学的女儿和一个比她大9岁，而且是搞学术的'蜀黍'鬼混吗？"

"姐们，听说过没，人艰不拆！"

235

其实狄莫自己也明白，自己目前经历的一切在赵婷婷的眼中是相当的幼稚。

"对了，我上个月去做一个关于宇宙的科教节目，遇到你一个大学同学。"

"噢？叫……荀义是吧？"

"好像是，刚从美国回来的。居然能认出我来，肯定是你那会儿总提。"

"那会儿年轻嘛，天天吹牛说我有个做主持人的青梅竹马两小无猜的姐们在北京电视台……"

"得了，别提主持人的事，人艰不拆！对了，他给了我两张名片，说遇到你一定要给你一张，让你去找他。"

狄莫接过名片，看到上面写着："中国科学院理论物理研究所，'青年千人计划'副研究员"。心想："行啊，'叉子'。今非昔比啊！"

…………

"我本来想去泰国度假散散心的，后来想起你就找你来了。"

"咋突然想起我了呢？找我开导一下人生？"

"滚。这些年在社会上形形色色的朋友很多，多数都是有利益联系的，远不如咱们那时候感情真。活得太累了。"

"累也得活着啊。听说你做过两年美食节目，学了不少手艺吧？要不去我那儿露两手？"

"姐现在手艺可厉害了，撑死你个吃货。"

…………

这两周，正好赶上高温假，狄莫和赵婷婷一起游玩。两个失意的老友，在这几天自然会发生一些意料之中的事。

"没想到你这么持久。"赵婷婷看着躺在身边的狄莫。

"我优点多着呢，可是女人们无缘发现。"

"都老大不小了，要不咱俩一起过得了。"

狄莫没想到赵婷婷突然说出这样一句话。这个他曾经的暗恋对象，放到几年前可是他朝思暮想的女人。可是现在，物是人非。

"你……开玩笑吧？"

"没开玩笑。跟我去北京吧，你有头脑，我有人脉。我们在一起一定能生活得不错。"

狄莫很清楚，跟赵婷婷一起应该是最理智的选择。双方家长也一定会非常赞成。如果他的生命中没有那个小萝莉的出现，这就是他最终的感情归宿。可是现在，理智和情感好像产生了冲突。

"哈，咱可以先试几天。"

…………

那一天午后，狄莫和赵婷婷在宿舍一起切肉洗菜，准备着晚饭。突然听到了敲门声。

"很少有人来我这儿，可能是查水电费的，你去帮我开下门吧。"

"好。"赵婷婷洗洗手去开门。门打开时，突然变得异常安静……

狄莫觉得不对劲，跑出厨房一看，"我晕，这下麻烦大了！"两个女人面对面地站着……狄莫一辈子也忘不了这一幕。

"对不起，打扰你们了。"小弦说完转身就走。

"别啊，别走。"狄莫迅速把围裙摘掉扔在地上，追了出去……

"小弦，你听我说，她是我一个朋友……"

"算了,你骗不了我的,她身上穿着你的衣服。"小弦头也不回地往前走。

"那是我借给她做饭用的……"

小弦停下来转过头："本来想给你一个惊喜，结果你给了我一个惊喜。挺好的，祝你们幸福。"说完转过身继续往前走。

"小弦，听我解释。我……我……我爱的是你……真的。"

狄莫把憋在心里很久的话终于说了出来，期待着下一秒发生的故事。他多么希望小弦能够转过身听他说她是他心中最爱的姑娘，为了她，他可以放弃一切……

可现实是，小弦仍然没有回头，只是淡淡地回了一句："谢谢，我不需要。"然后上了路边的出租车。

…………

"那个小萝莉果然不错，年轻漂亮、一脸清纯。你们男人就好这口对不对？"吃饭的时候，赵婷婷的语气带着刺。狄莫没有回答。

"放在十年前，姐也不比她差……算了，明天我就买票回去，你自己想清楚吧。"

"不用想了。对不起，婷婷，我真的不适合你。"

"哼，适合小萝莉？"

"不是。首先，我不想做你的'备用方案'。其次，我忘不掉她。这点你也不能接受，对不对？"

"……好吧，那让我们祝福彼此吧。我们还是朋友。"

"嗯，一辈子的朋友。"

…………

婷婷走后，狄莫独自一人也来到了北京，找到了他的老同学"叉子"。

"好久不见啊，你个'大魔头'也不显老。"

"你也一样，还那闷骚德行。"

两人在五道口的酒吧里开怀畅饮。谈谈物理，谈谈中国科研环境，最后谈谈女人。

"叉子"如今已是一个风光的青年学术才俊，但是背后的恋爱故事却让狄莫倍感心酸。在理论物理所博士毕业后，"叉子"去了美国加州做博士后。在那里他认识了一个同样中国来的女人，年轻漂亮、出手阔绰。两人很快坠入爱河。但是"叉子"觉得非常不对劲，因为发现对方从来不用上班工作。即使家里再富有，按理也应该上个学什么的。于是"叉子"怀疑对方是某位高官送到海外的二奶，但也不好当面挑明。

直到有一天在女人的家里，"叉子"找到了证据。女人哭得歇斯底里，承诺"叉子"说要放弃过去的一切，甘愿陪着"叉子"过普通人的生活。"叉子"当然不会相信她，于是提出分手。从那天起，这个女人每天都开着红色的保时捷跑车到"叉子"的学校去找他，弄得"叉子"全系出名。最后不得不在警察的帮助下才了结此事。

"你到底爱没爱过她？"狄莫问。

"当然爱过。"

"但是不相信她？"

"没错，这里面水太深。她住的房子，花的钱都是那个高官转移到海外的资产，说难听点都是贪来的赃款。我不可能心安理得。"

"我理解，而且你也怕得罪那个高官，事情不好控制对吧？"

"对。我一个人倒无所谓，大不了鱼死网破。关键是爹妈都在国内。我天天研究暗物质，结果现实才叫一个暗啊！"

"哎，兄弟我这两天可能要去得罪某高官了，得要你帮个忙。"

············

二人来到三里屯。

"就是这个 KTV？"狄莫问"叉子"。

"没错，给我消息的人经常在这片混，靠得住。看，这辆宝马就是他的。"

"也就是说，这个官二代实际是这家 KTV 老板，平时经常请朋友来。"

"对，一般都在 3 楼最大的那个包间。咱们进去好好谈，这里都是他们的人，记住，千万别动手！"

"放心，你不用陪我进去，最好在外面等着。如果我 20 分钟不出来，你就报警。"

············

在三楼入口，狄莫拨通了这个从赵婷婷手机上复制下来的号码。

"李先生，我是赵婷婷的同事，她有一样东西让我转交给你，我就在你包房门口。"

看着这个人接着电话从包房门口出来，没错，就是他。狄莫趁其不备上去就是一拳，正中对方鼻梁。对方疼得大骂一声，从包房内马上冲出好几个壮汉，把狄莫按在墙上……

"放开他，别动手！"官二代掏出纸巾擦了擦鼻血。"狄博士是吧，我认得你。是婷婷让你来的吧？"

"我自己来的，你要是心里还有婷婷，就赶紧把她找回来。"狄莫说完转身推开人群向外走。

"李少，就这么放他走？"

"放他走，没你们的事。"

············

"我靠，这么快就出来了完事了？"在大厅等狄莫的叉子很是诧异。

"完事了，赶快闪。说不定马上一帮人就追出来了……"

京城浑浊的空气散射着五彩的霓虹。这一天，狄莫从多体问题又回到了单体问题。更确切地说，从束缚态又变回了自由场。

…………

"赵婷婷就像是标准模型。稳妥、实用、主流，可惜终究是别人的。晓玲就像是超对称，那黑暗的一面让人难以捉摸。小弦自然就是弦论了，单纯和唯美，让人怀疑她的真实，而且最难以把握。"——狄莫

三、反物质

物理学家

"CERN？"

"是的，李老师，做反氢的 MOT（磁光阱）。"

狄莫第一时间告诉了李武越自己的申请结果。无数次的电子邮件，多次的网络面试，终于拿到了这样一个博士后邀请，一个让他倍感惊讶的组。

"是属于 ATRAP 组吗？"李武越好奇地问。

"不是，那个组已经没了，是这个组。"狄莫说着在笔记本上点开了这个组的网址，"老板是个日本人，叫 Shio Kobayashi，我查了一下中文译名是小林志雄。"

"我以前记得在 CERN 有一个日本人主导的合作组专门在做反氢原子的光谱，好像是叫 ASACUSA。"

"对，这个组的前身就是 ASACUSA，他们现在已经能做出反氢原子的基态磁阱囚禁了，反氢的 MOT 指日可待。"

"酷！那以前那个 ATRAP 组去哪儿了？"

"那个组直接用的 Ioffe–Prichard 阱囚禁反氢，最后做到能囚禁一小时。

但当时没 121 纳米的激光器，无法做激光冷却。我查了一下，它后来跟 ALPHA 组合并了，准备直接做反氢的 BEC（玻色 – 爱因斯坦凝聚），所以新的组名字就叫 ABEC。"

"疯狂！原子数够蒸发吗？"李武越很是迟疑。回想自己年轻时做的 BEC 实验，即使初始的 MOT 有 10^9 的铷原子，最后得到 BEC 也费了九牛二虎之力。

"应该很难。其实我要去的这个组名义上也是 ABEC 的一部分，由我们先做反氢的 MOT，然后他们做磁阱囚禁和蒸发冷却的部分。MOT 还是个可行的目标，也是因为我这几年比较熟悉 121 纳米的紫外激光，小林志雄就打算给我这个邀请。"

"这是个不错的机会，你今后好好做会比我有出息。"

狄莫已经习惯了李老师这种半开玩笑式的鼓励。

"不过，有些地方你需要做好准备。"李武越也不忘提醒自己的学生。"首先，我个人感觉这是个介于高能粒子物理实验和我们 AMO（原子分子和光物理）之间的领域。高能物理实验只有项目的带头人容易出名，就是说动辄成百上千的人合作一个项目，一篇论文下来光坐着署名的就占了好几页。而咱们 AMO 都是小项目，各做各的，论文署名也是按贡献，不是按字母序。至于你要做的这个方向，虽然高能和 AMO 的技术各占一半，但是规模不小，合作者也起码好几十个，文章署名什么的可能要符合高能物理界的规则，按字母序。"

"嗯，我估计也是这样。"

"这个倒不是最大的问题。最大的问题是，你以后回国，要面临方向转换。这个实验全世界独一份，只有 CERN 这地方能大量生产反质子供你

们实验用。回国的话，你也知道没有任何单位有这种设备或能力。"

"这个我想过了，想做反物质的话确实要承担这种风险。不过我还是想去拼一把，就当献身物理学了。"

"行，比我年轻时候有志气，一路顺风！"

············

收拾好行李。狄莫在浦东机场登上了去瑞士日内瓦的航班。

············

小林志雄亲自开车到机场接了狄莫。两个亚洲人，英语都不是特别地道，各有各的口音，不过交流起来并没有什么问题。

这是一个40岁出头的男人。也许对理论物理学家来说这个年纪已经过了黄金年龄，但对于实验物理学家来说正值巅峰。实验物理学更需要团队协作，对团队领导者的资历和管理经验要求也就越高。因此实验物理学家出名的时候往往是不再奋斗在一线实验室干活的时候，而是像公司的领导一样，申请经费、分配任务、推进进度、协调团队。用职业足球来比喻，实验物理学家就像足球运动员往往是在挂靴后做教练的时候做出一生最重要的工作。

小林志雄向狄莫介绍了 CERN 的近况。自美国费米实验室的 Tevatron 关闭以来，CERN 的 LHC 成了世界上唯一的超级粒子加速器。2012 年，LHC 成功地发现了希格斯玻色子，完成了粒子物理标准模型的最后一块拼图。在这之后的 20 年，LHC 升级了两次，试图寻找更高能量的、超越标准模型预言的基本粒子，但是一无所获。经过多年大量数据处理得到的几个信号，由于置信度远不够 5-sigma，不能视为发现。粒子物理学家们一筹莫展。

与此同时，反物质实验却取得了显著的进展，越来越多的反氢原子甚至反氢原子被稳定地制造出来，并且囚禁达千秒的量级。CERN 因此将重心逐渐向这方面转移，更多的人手和资源从 LHC 那边分配了过来。磁场线圈甚至用上了奢侈的超导材料。

···········

刚来的一个月，狄莫只能借宿在招待所里，同时不断地找房子。CERN 坐落在瑞士和法国边界，横跨两国国土。由于瑞士的物价和消费明显高出法国很多，CERN 的工作人员，尤其是年轻人，更倾向于在法国的一侧租房子。终于，狄莫和两个工作在其他项目的中国同事合租了一个公寓。

不出所料，小林志雄是个工作狂——符合大部分日本人的特征。他的组里有 11 个人，刚好一支足球队。其中大部分是来自东京大学的博士生，其中有一个韩国人、一个泰国人，其余都是日本人。3 个博士后，除了狄莫之外，另外两位分别来自意大利和荷兰。只有狄莫的名义老板是小林志雄，其他的博士后的名义老板是德国人汉森，即整个 ABEC 实验的总负责人，他们貌似是汉森提前安插进来的，会在整个 ABEC 项目上长期跟下去。

狄莫带领韩国学生朴正勇、日本学生真田英三人在一间小实验室里负责 121 纳米激光器的安装和调试工作。这是新一代的紫外激光技术，直接从 248 纳米的准分子激光倍频得到在 124 纳米附近输出功率 80 毫瓦的激光，然后通过外腔锁频技术调到氢原子的第一吸收峰频率附近，即 121 纳米。这种紫外区间的倍频晶体刚被发明不久，价格十分昂贵，在这之前，世界上也仅仅有两个实验室用这种倍频的紫外光实现了氢原子的磁光阱。理论上说，反氢原子的光谱应该和氢原子的完全一致。

但狄莫他们面临的挑战更加困难。由于反氢原子是在高能条件下通过反质子束和正电子束结合产生的，一开始就处于很高的激发态，即里德堡

原子态。即使在 Ioffe–Prichard 阱里囚禁，也只有少量的反氢原子会通过自发辐射跃迁到基态。当然，这最难的一部分由组里另外的 8 人负责。狄莫他们三人的任务只要是搞定激光。

这边的工作强度另狄莫始料未及，李武越提醒过他，做这个实验，可能会牺牲掉所有私人生活。看来果然没错，尤其是在一个工作狂的日本老板手下干。狄莫曾跟同事们开玩笑说为什么日本最出名的便利店叫7-ELEVEN，因为日本人习惯了从早上 7 点工作到夜里 11 点。

所有反物质方向的工作人员每个月都会又一次大型组会，由大老板汉森主持，各个组向他汇报并一起讨论。狄莫切实感觉到了这种大规模的实验效率无法跟小规模实验相比。一次改动要讨论好久才能确定，因此和高能相关的领域都会选择相对稳妥的技术而不会冒险。

…………

在这里，狄莫可以自由地上 Facebook 和 Twitter。但他只经常去那个小姑娘的微博和 QQ 空间扫一眼，尽管它们已经很久未更新。是的，他忘不了小弦。

生命中充满着意外和插曲。年龄越大，狄莫越接受量子力学的随机本质——未来不是确定的，概率决定一切。而且从感情上讲，多世界诠释真的会聊以慰藉：在有的世界里，测量的结果是他们在一起生活；在有的世界里，他们也许未曾相遇；在有的世界里，根本就没有我这个人……

…………

生命不息，实验不止。周末是他们休息的好时光。天气好的时候，偶尔骑车到日内瓦湖畔，享受一下宁静，更多时间是和同样来自中国的几个朋友相约在 CERN 附近的草坪上踢踢足球。后来几个阿拉伯人加入了他们，狄莫很快跟其中的一位熟识了起来。

这个人叫哈桑，来自沙特。其他穆斯林都来自北非，阿尔及利亚、突尼斯、埃及等，就他一个来自亚洲。

"你肯定很有钱吧？"狄莫开着玩笑。

"哈，我可不是什么王储。事实上石油都是王室的，我父亲只是石油工人而已。我在宇宙射线那个组，你们在哪个组？"

"我在反物质组那边。其他几位中国人主要在 AMS 那边。就是丁肇中教授领导建造的那个卫星。"

"你做反物质！听说你们可以囚禁上千个反氢原子了？"

"嗯，未来两个月如果顺利的话会再突破一个量级。当然，我主要做紫外激光，为了反物质的激光冷却。"

"那就是说你很快就要天天操作反物质了，危险么？"

"还好，因为我们的真空系统够好，比 LHC 里面还要高 1 ~ 2 个量级，所以和普通物质湮灭的速率不大。"

"太棒了！我平时能去参观吗？"

"随时欢迎，提前打我电话就行。"

…………

哈桑似乎对狄莫的研究有着超常的兴趣，经常跑来聊天。狄莫得知哈桑是在英国读的博士，一直研究宇宙射线中的高能粒子，而且当时就经常来 CERN 采集数据。博士后就完全来到了 CERN 常驻。

而且令狄莫不解的是，哈桑也是位穆斯林，当然这些阿拉伯国家几乎人人都是穆斯林。哈桑每天下午都会祷告，到了斋月更苦，太阳不落山就不能进食。出于对朋友的尊重，狄莫也从来没有问过哈桑关于物理事实和《古

兰经》不一样会不会影响他的信仰之类的话。

与哈桑的一次次交谈也让狄莫开阔了眼界。地球还是太小了，外太空各种各样的天体无时无刻不在上演着各种各样的物理过程。由于光速的限制，我们只能看见宇宙很小的一部分，即所谓的视界。而且即使在视界里，我们也只能看到那 1/6 左右参与电磁相互作用的物质。剩下的暗物质究竟是什么？有多少神秘的世界隐藏在里面？现在还无法得知。

············

实验在有条不紊地进行着。Ioffe-Prichard 阱那边不断传来好消息，能囚禁的基态反氢原子越来越多，寿命优化得也越来越长。狄莫这边激光也已经就位，准备尝试氢原子的磁光阱。

朴正勇和真田英是两个非常努力的学生，三人的中日韩组合合作起来越发熟练。私下里，三人都是游戏玩家，经常连线比赛，偶尔还会到真田英的宿舍玩 PlayStation6。狄莫比这二人大几岁，但外貌上不是很明显，一点体会不到当大哥的感觉。

氢原子磁光阱做得并不是很顺利，迟迟未能出现。6 束光的平衡，圆偏振，以及地磁场补偿都可能存在问题。三人决定兵分三路，一人确保一块。时间又过了两个月，终于实现了氢原子的磁光阱。

三人松了一口气，这意味着光学系统可以直接用在反氢上了。后面就是长时间的优化参数，不断优化，然后把整个光学系统平移到隔壁 Ioffe-Prichard 阱那里，向着人类历史上第一次反物质的激光冷却和囚禁迈进！

············

"我是狄拉克的脑残粉，我的姓和他的中文译名第一个字一样，我的出生年刚好跟他差 100 年。我最喜欢的方程就是狄拉克方程，这个方程不但包含反物质，还包含 1/2 自旋。我一辈子都想搞清楚自旋究竟是什么，但命运的安排却让我彻底投身到了反物质领域。"——狄莫

…………

没错，虽然表面上看起来粒子的自旋和所携带的荷是相互独立的两个物理量，但是狄莫总觉得冥冥之中二者有着更深层次的联系。

在通常人们对反物质的理解中，仅仅认为反物质粒子和物质粒子的电荷相反。其实不然，反物质粒子所携带的任何"荷"，都和其所对应的物质粒子相反，这是基本的量子场方程的荷守恒决定的。就是说，正电子不仅电荷和电子相反，弱荷（即弱同位旋）也和电子完全相反。

夸克是唯一全部参与电、弱、强三种相互作用的基本粒子，一个夸克的反粒子不仅电荷和弱荷与它相反，色荷也必须与它相反。也就是说一个红色上夸克的反物质粒子是反上夸克，色荷为反红色。

电子和夸克上看不出自旋和荷之间的联系，但是中微子上却能够看到点端倪。中微子的自旋是 1/2，即能分成"左旋"和"右旋"两个分量。中微子只携带弱荷。令人惊奇的是，弱荷为正的中微子都是左旋的，反之弱荷为负的反中微子都是右旋的。而同时右旋的中微子和左旋的反中微子都不携带弱荷。

于是狄莫就坚信这里面有很多值得深挖的地方，似乎弱荷本身是个和自旋紧密相连的物理量。对于同样自旋 1/2 电子和夸克来说，也只有左旋的携带弱荷，右旋的不携带弱荷，即不参与弱相互作用。它们的反粒子更完全相反，只有右旋的携带弱荷，左旋的不携带弱荷。

弱相互作用对自旋分量的偏好，就是著名的"弱相互作用宇称不守恒"，杨振宁和李政道两位先生用这个发现给华人带来了第一个诺贝尔奖。

············

"弱荷（弱同位旋）和 1/2 自旋一定有更深一层的联系。我不知道此生能不能有机会找到这个问题的答案，洞察更深一层的物理。但是目前我需要全身心投入到反氢实验上，这是我当下的饭碗。"——狄莫

囚　禁

"激光功率？"

"30 毫瓦！"

"有荧光吗？"

"没有！"

"磁场梯度？"

"20 高斯每厘米！"

"激光功率还能增加吗？"

"不能！除非不用光纤。"

"继续增加磁场梯度！"

小林志雄亲自来到实验室，指挥着团队。由于设备间距离很远，需要大声询问和应答。狄莫一边回答着小林志雄的提问，一边调整电源电流，朴正勇在一旁的电脑上记录狄莫提到的参数。

汉森小组的成员们已经启动反质子和正电子束，以及 Ioffe-Prichard 阱，俘获了 10^5 个基态的反氢原子。他们在一旁维护着阱内的原子数，等待着小林志雄小组的 MOT 结果。

…………

"有东西！"大伙似乎看到了微弱的荧光信号。

"调整失谐！"小林志雄指挥着。

狄莫缓慢增加了激光频率，即失谐。荧光信号逐渐变得小而亮，清晰可见。

"呜呼！"整个大组传来一阵欢呼。这是人类历史上第一个反物质磁光阱（MOT），一个对于物质原子来说用了几十年的普通技术，用在反物质上却是头一次，难度也是天壤之别。

大伙互相击掌相庆。

"等一下，我们需要确保不是真空里残留的氢原子的MOT！"在激动人心的时刻，整个项目的大当家汉森显得格外冷静。二当家小林志雄随后提出我们可以把反质子或者正电子束关掉，保留其他一切参数不变，看看结果。

组里很多人第一时间也想到了同样的方法。在没有反氢原子的情况下，如果还有MOT信号，那只能使氢原子了，虽然真空腔内氢原子的气压应该远低于形成MOT所需要的值。

汉森那边切断了反质子或者正电子束。由于是反物质粒子，不是简单用真空内隔板挡住就行，需要调整前级加速器。狄莫和朴正勇这边维持着激光的功率和失谐不变，汉森组另外几个人维持着所有磁场不变。大约过了一个小时，确认没有反质子注入，然后重启MOT。

CCD图像传感器上空无一物，人群中又传出一阵欢呼。

"等等，狄莫你再试试改变失谐。"汉森想完全排除氢原子的可能性。

狄莫逐渐扫了100MHz的谱宽，没有任何信号，这就意味着之前的MOT是反氢原子确定无疑！

整个团队的几十位人员都长舒一口气。这是个值得纪念的日子，狄莫来此已经足有一年，而整个项目早已运行了好几年。多年的努力终于得到回报，人类可以用激光冷却反物质原子了！

为了这一天，整个团队不分昼夜地加班，甚至连刚刚过去的圣诞和新年假期很多人都在坚守。在这个气候怪异的冬天，整个团队感受到了心灵上的振奋。

汉森和小林志雄会因为这个实验变得出名。如果后面进行得顺利，能够用 MOT 中的反氢原子做出更多物理发现，那么汉森就有了获得诺贝尔奖的资本，小林志雄也许也有机会，谁知道呢。

这就是实验物理学，功劳都是给教练的。球员嘛，好好踢的目的也是最终成为教练。博士生相当于年轻球员，博士后相当于老球员，领队相当于助理教授，助理教练相当于副教授，主教练相当于正式的终身教授。

…………

终于可以好好休息几天了，准备下一个大实验。汉森的计划是观察 MOT 中反氢原子的自由下落——由此确定反物质同样遵循着万有引力定律，虽然不遵循的可能性非常非常小。这将是一个反物质领域里程碑式的实验，之前的反氢原子都是由于温度太高而无法看到微弱的重力效应，只有冷原子才可能。整个团队期待着创造新的历史。

…………

"MOT 温度太高，载入四极磁阱的效率太低。"

"真愁人，原子数本身就少，如果强制蒸发的话，剩不下什么了。"

"要不试试直接用光偶极阱？"

"应该行不通……"

自实现反氢原子磁光阱（MOT）以来，整个反物质组成了物理学界瞩目的焦点。一些科技新闻甚至夸张地用"物理学家成功控制反物质"作为标题，吸引了全世界的眼球。当然，此时更吸引眼球的事还没有发生。

然而，下一步的实验过于困难。反氢原子跟氢原子一样，质量是最轻的原子。而 MOT 用到的激光冷却方案有一个极限温度，这个温度跟原子的激发态线宽成严格正比。氢原子的第一激发态由于线宽过于宽，导致这个极限温度非常大。温度越高，原子团的扩散速度越快，同时反氢原子团的初始密度也过低。这两个因素使得反氢原子在 MOT 撤掉后，来不及在重力方向上做任何移动就瞬间散开了。

毫无疑问，狄莫他们需要更冷、密度更高的原子团。至少先把密度压缩上去，提高磁场梯度是唯一可行的方法。由于现有的 MOT 的线圈提供不了那么大的磁场梯度，众人将希望寄托在了初始的 Ioffe–Prichard 阱上。这是个大家伙，可以多加几对反亥姆霍兹线圈，在 MOT 处提供高梯度的磁场。我们有很多备用的线圈。这个任务显然不归狄莫，甚至也不归小林志雄，而直接归汉森领导。

·············

就这样又过了快 3 个月，在复活节前夕，传来了一个激动人心的好消息。汉森直接领导的这个小组成功地将狄莫这边 MOT 里绝大部分反氢原子装载到了新的高梯度磁阱中。原子团已经被压缩到对应线圈所能承受的极限电流的最小尺寸。从磁阱释放之后，短短的 2 毫秒，在原子团就快要扩散到消失殆尽的时候，在吸收图像上清楚地看到了原子团的中心在重力方向上移动了 80 微米。重复多次测量，依然是这个结果。

整个团队兴奋异常，他们用人类历史上首次的直接证据证实了反物质

和物质遵循着同样的万有引力定律！

"伙计们！文章很快就被《自然》杂志接收了，干杯！"汉森特意组织了一场庆功会，庆祝这个伟大的成果。这是整个反物质项目首要目标，已经实现。

"老板，如果我们发现的是反物质沿着地球重力相反方向移动，向上飞，那才是惊人的结果，是能改变物理学的发现。"狄莫和汉森调侃起来。在平时的工作场合他可没这个胆量。

大伙爆发出笑声，很多人同意这个说法。目前的结果只能说都在意料之中，并不是物理学意料之外的发现。

"如果是那样，估计很多人就疯了，哈哈。"汉森在开怀大笑时也依然保持头脑清醒，"那样会引起很多悖论，比如违反 CPT 定理。"

狄莫一生都会清楚地记得汉森那一刻提到的 CPT 定理。这是他多年之前在量子场论课上学过的一个非常基本的定理，但是长期不用以致被抛在脑后。

C 代表荷（charge），P 代表宇称（parity），T 代表时间（time）。物质和反物质之间的变换就是 C 变换。我们这个宇宙两者不对等，物质粒子多于反物质粒子，因此这个变换不守恒。同时因为弱相互作用对自旋的倾向性，宇称变换也不守恒。实验上也观察到了弱相互作用会破坏 CP 二者联合反演的守恒。但是量子场论的基本定律要求 CPT 三者的联合变换必须守恒，这就是 CPT 定理。简单地说就是一个左旋的物质粒子沿着时间方向运动，完全等同于一个右旋的反物质粒子逆时间方向运动。

电磁相互作用和强相互作用都同时遵守 C，P，T 单独的变换守恒，只有弱相互作用只遵守 CPT 联合变换守恒。而且弱相互作用对自旋的分量有选择。汉森这次突然提到 CPT 定理，使狄莫陷入了新一轮的关于自旋的思考。

整个复活节假期，狄莫都在想这个问题，在他看来 CPT 定理不但代表着荷与时间和空间的直接联系，也代表着自旋与时间和空间的直接联系。

又因为超对称变换同时既是自旋的变换，也是时空的变换，狄莫更加深了这一信念：粒子的自旋一定源于时间和空间的某种基本属性。

狄莫带着他的思考回到了实验室继续工作。整个团队准备重启反物质装置，他们没有意识到一个巨大的危险正悄悄地到来……

…………

"滴——！嘟——！"

刺耳的警报声突然响起，实验室里的几个人都被吓了一跳。

"着火了？"

"先关掉所有电源！"小林志雄当机立断，"朴正勇、狄莫，你们俩跟我出去看一下出了什么事。"

因为他们三个当时正坐在一起讨论，小林志雄随手带着他俩走了出去。

三人在走廊走了一会，突然连续听到几个响声。

"什么声音？是什么东西爆炸了吗？"朴正勇不解地问。

"我听着像枪声。"狄莫突然有一种不祥的预感。

"出大事了！快回去把液氦瓶都关掉。"小林志雄边喊边带着二人跑回实验室。令他们惊奇的是，实验室的另一端，不速之客已经闯进。

"Hands up！Don't move！"远处几个蒙着面的武装人员操着蹩脚的英文向三人喊，枪口也同时指向了三人。

狄莫心想完了，中大奖了。所有人都被吓得噤若寒蝉。

实验室其他几位同事原来早已被控制，蹲坐在另一个角落的几个液氦

瓶那里，都是一副被吓呆的表情。

三人面面相觑，举起双手，一动不敢动。在几名武装人员的强迫下，他们走到了实验室其他人蹲坐的角落，加入人群。

没错，恐怖分子劫持了 CERN，他们成了人质！

大老板汉森在国外开会，躲过一劫。但是他四十多人的团队，有一大半人被困在了这里。

实验室外零星地响起枪声，想必其他几个实验室也遇到了相同的灾难。恐怖分子似乎训练有素。主实验室有几百平方米的面积，天花板有两层楼高。只有 3 个恐怖分子持枪，站在二层的铁架走廊上，各守着一个角落。而所有的人质，都蜷缩在第四个角落，毫无逃跑的可能。整个设备都暴露在枪口之下。如果一颗子弹打穿了他们身边的某个液氮瓶，他们全都要一命呜呼。

不久，外面传来了两声爆炸声，狄莫分不清是炸药还是手雷，但是觉得前者更靠谱一些。

"咱们这里面有没有会阿拉伯语的？"大伙在小声嘀咕。看来没有，不过有几位同事用法语向恐怖分子呼喊，说要上厕所。恐怖分子听懂了，然后告诉他们在旁边洗手池上就地解决，不允许走出这个大实验室。

没有人知道外面发生了什么，是整个 CERN 都被占领？还是仅仅他们做反物质实验的这个区域？现在他们被完全囚禁在封闭的空间里了。首先整个实验室都在地下，没有任何手机信号。而且恐怖分子不会让他们任何人去使用电脑，墙上的 WI-FI 路由器也已经被一枪轰了。

就这样过去了几个小时，已经到傍晚时分，很多人饿得开始抱怨。不久，另一个恐怖分子从二层的铁架走了进来，递给里面的一个恐怖分子一包东西。打开一看，是一些小食品。显然，恐怖分子把外面的自动售货机给敲开了。

恐怖分子把其中的几包扔入人群，大伙打开，分发到每个人手里。人质里面不是博士就是在读博士生，全是男性，没有任何慌乱。

时间越来越晚，大伙只能席地而眠。没有一个人想到会遭如此劫难。好端端的科学实验室为什么成了恐怖分子的目标？而且像是有规模的大型行动。他们从哪儿来？目的是什么？

大伙也小声地议论了很久。能确定的几点是：

1. 恐怖分子是中东人，说阿拉伯语。

2. 他们能听懂法语，从法国过来的可能性比较大。

3. 他们选择了复活节后的第一天作为目标。这是工作日里安保力量最空虚的时候，因为很多人多请了两天假，这样能跟后面的周末连上。

4. 复活节期间游客较多，因此大量阿拉伯人开车到附近也不会引起太大警觉，枪支也更利于运输。

5. 从衣着上看，他们更像一群乌合之众。但是计划缜密，领头的绝非善类。

6. 他们的目的也许跟反物质有关。

…………

时间慢慢到了夜里，刺眼的灯光也抵挡不住倦意。大伙只能席地而眠。恐怖分子也有人进来换班。

"你们猜他们有多少人？"朴正勇问狄莫和小林志雄。

"我估计 20 个左右。"狄莫猜。

"我估计更多。由于实验室之间是通的，他们需要占领整个 CERN。"小林志雄非常自信地说。

朴正勇接着问："我们有没有机会逃出去？比如从咱们做激光的那个

小屋穿过去，有个上楼的暗梯，恐怖分子们不一定能发现。"

"别冒险。他们显然不想杀咱们。"小林志雄说，"这事应该全世界都知道了，BBC、CNN 等媒体应该在 24 小时不间断报道，我估计现在应该正在谈条件呢。"

"安保太差了，竟然让他们这么容易进来！"朴正勇充满愤怒。

狄莫安慰他："冷静，估计也不会有多少人想到 CERN 会成为恐怖分子袭击目标，而且是这么大规模的武装袭击。你看他们的枪，统一的 AKM。"

"这枪在法国的黑市上能买到很多，是黑帮的标配。"在一旁的法国人同时忍不住提醒。

"噢？那就说得通了，他们很可能是从黑帮招募来的武装分子。"

"也很可能是类似 IS 组织，直接从黑帮购买的武器。"

"他们到底要干什么？"

"不会是让我们帮他们做反物质炸弹吧？那他们可真要失望了，嘿嘿。"

意大利同事的一句话，把所有人都逗笑了，但是大家也不敢太大声，只是偷摸地笑。

外行都把反物质传得神乎其神，就像当年丹·布朗的第一部小说，后来还被拍成电影的《天使与魔鬼》一样，幻想出反物质炸弹，还能带着满世界跑，太扯了。狄莫想到这和情节就会发笑。

现实中，整个大组奋斗了这么多年，这么庞大的设备，只能囚禁极其少量的反氢原子。假设这些被囚禁的反氢原子全部和物质湮灭，即所有静质量都转化成能量，那么释放的能量还不足 1 焦耳。1 千克 TNT 炸药释放的能量可是好几百万焦耳。所以拿反物质做炸弹，纯属天方夜谭。

"天方夜谭？这不就是《一千零一夜》嘛。"狄莫突然想到在这些阿拉伯人眼中，说不定都把阿拉丁神灯或者阿里巴巴芝麻开门等当做真事，那他们把反物质当成毁灭世界的力量也就不足为奇了。

莫非他们真的是冲着反物质来的？这下可麻烦了。我们怎么解释他们很可能都听不懂，会逼着我们造炸弹，造不出来就一个接一个地杀。问题是全杀光也造不出来。我怎么这么倒霉，难道年纪轻轻就要在这里就义？客死他国？

狄莫躺在地上，面对着天花板上日光灯刺眼的灯光，筹划着办法。这个时刻，他真的理解为什么会有人信教。如果没有信仰，此时真的是无任何奇迹可期待，只能接受命运，什么都做不了。

如果我一开始就与世无争，随便回老家找个教书的工作，娶妻生子，陪爹妈安度晚年，那该有多好？如今生死未卜，爹妈看了新闻会担心到什么程度？"狄莫越想越难过，眼睛开始模糊。昔日的那股豪情在真正的生死面前显得多么可笑。

…………

"我们千辛万苦地囚禁了反物质，却不想被一群恐怖分子武装囚禁在了实验室。反物质的命运终究难逃被湮灭，那我们呢？"——狄莫

以暴制暴

"狄莫，慢慢挪过来，别出声。"光头的同事查尔斯悄悄地通过好几个坐在地上的同事悄悄传话给狄莫。

查尔斯是整个反物质大团队里资格最老的工程师，他在 CERN 工作了
20 多年，是汉森最信任的同事。

避开了 3 个恐怖分子的眼神，狄莫慢慢地挪到了查尔斯旁边。

"这里是个视线死角，有个暗门。" 查尔斯说罢打开了最大的那个液
氮瓶。这个瓶子居然是伪装的，上面有个门，平时根本看不见。

"这？"

"嘘，别说话，跟我进去。"

两人偷偷地从狭窄的入口挤了进去，门也很快被悄无声息地关上。恐
怖分子并未发觉。

"我从未想到，这里居然有条密道！"两人沿着狭窄的楼梯往下走。

"对，很早就有。通向地下一个秘密实验室，知道这个秘密的人很少。"

"做什么的实验室？"

"说出来你不会相信，是时间旅行！"

"啥？"

"你没听错，时间旅行。"

"这怎么可能？都是那些科幻小说想象出来的。"

…………

"到了，加速器的正下方。反物质实验室建在这上面是为了掩人耳目。
这才是 CERN 最核心的秘密。"

"这是什么东西？"狄莫望着眼前扭曲的真空腔，从 LHC 的主管道远
远地延伸到这里。

"这是自旋信息虫洞，恐怖分子的目的就是这个。"

"这是什么东西？我们怎么会有这种东西？"

"别说了，赶紧把头伸进去。"

"开玩笑，里面是真空！"

"里面不是真空，跟真空腔有阀门隔着。虫洞已经在里面了，你看不到。把头伸进去，虫洞刚好在你大脑皮层的位置。"

"咱们要干吗？"

"把你记忆传送回过去，改变未来，救我们。只传送记忆，就不违反动量和能量守恒，也不需要你那什么补偿者。"

"传输记忆？还有你怎么知道我关于补偿者的想法？"

"我们读取过你的记忆。"

"啊？什么时候？"

"就在这里读取的，然后把你当时几个小时内的记忆清除了，所以你不记得这事。"

"我晕，这到底是什么地方，你到底在说什么？我完全听不懂！"

"坐好，头不要乱动。粒子自旋远比我们想象的强大。这个技术就是把你的记忆通过自旋信息虫洞传回几年前的你的大脑里。这个虫洞只能通过粒子自旋传信息，不能传物质，明白？"

"这不还是违反因果律嘛？"

"你传回去的那一刻我们这儿的一切就不存在了！马上用 5 年内你最刻骨铭心的记忆，像老电影《蝴蝶效应》那样，回到那一刻你的大脑，快！"

"等等，为什么选择我？"

"因为你是主角。"

"啊——"

…………

夜里，十字路口，地铁站，小河边……

"等一下，这难道是？！"狄莫发现自己已经回到了自己记忆最深刻的那个时间地点——和林弦玉的初次相遇……

"是她，没错，她正往这边走，怎么办？我当时怎么做的？当时只顾着看她腿来着，什么也没做。然后发现有色狼偷偷尾随，然后我也尾随，然后救了她，对。可现在该怎么办？要改变未来，蝴蝶效应，对。但是小弦现在还不认识我，怎么办？直接上去搭讪？"狄莫思绪很乱。他很难向小弦解释这一切，连他自己也很难相信这一切。

"不好，她走得更近了，对，依然发现了我在看她，依然停下来向四周张望一下。哇，她还是那么美……我晕，往河边走了。不行……"

"同学！等一下！"狄莫起身叫住了小弦。

小弦吃惊地回头："是……叫我吗？"

"是的，前面危险，总出事。别走小路，走大路。"

"哦，谢谢。"小弦转身向大路走去。

狄莫心想："不对，这就完了？等等，难道改变未来的代价是让我和小弦形同路人？我该怎么办？如果现在搭讪，肯定会吓到她。看来我们的交集完全是小概率事件……"

"哦不不不，我现在是来自未来的先知啊！我知道她那么多的个人情况，只需要简单地叫一声她的名字，她就会很惊讶。然后我再编个故事，很容易让她认为我就是她的白马王子。然后我再用我已经知道的接下来两年要发生的大事件猛赚一笔，当个土豪，快快乐乐地和小弦结婚生子，耶！"几乎是一瞬间，狄莫就想清楚并计划好了这一切。

"林……"

哎哟！小弦的名字还没等叫出口，狄莫就突然感觉到肩膀被硬物狠狠地击打了一下……

狄莫睁开双眼，隐约看见一个恐怖分子用枪托正对着他砸……

"哎，原来是场梦！"狄莫心想，关键一个美梦还被这混蛋给打醒了。哪怕晚几分钟也好。

恐怖分子用蹩脚的英文命令狄莫"Stand up！ Follow me！"一个在前面走，一个在后面用枪顶着他。狄莫气愤得心里已经把这帮恐怖分子骂了一千遍。

狄莫想了一下，突然吓得腿开始发抖："难道是谈判没谈妥？开始杀人质了？我是第一个？不行，不能束手待毙，怎么办？这不是拍电影，十有八九要死了，完了完了。不，我是军人的儿子，要镇定，镇定，腿不能抖，死也要死得像个爷们，最好能兑掉一个混蛋……"

恐怖分子把他带到旁边的休息室，房门打开，里面的两个人回过头。惊魂未定的狄莫看到其中一个人的脸，居然是……

"哈桑？"

"嗨，哥们，好久不见。"

"这，都是你干的？"

"我只是他们其中的一员，坐下说话。"

狄莫坐到了身旁的椅子上。屋里有5个人。带他来的两个恐怖分子、哈桑、另一个年龄较大的恐怖分子，还有狄莫自己。

"你肯定很惊讶为什么我们要袭击CERN。"哈桑开门见山，"首先，因为我在这工作，对地形比较熟悉。几乎所有实验室都在地下，只有有限的出入口。我们只要炸掉它们，就可以完全封闭实验室，里面的人跑不出去，

易守难攻。"

"这只是原因，不是你的目的。"

"目的说起来很复杂。你知道我的祖国，沙特阿拉伯正在发生什么事情吗？"

"听说在示威游行？"

"看来新闻封锁很成功。是战争，战争已经打响！伊拉克、也门和阿曼的非法武装都渗透了进来。"哈桑说罢将手里的手机递给狄莫，里面播放着军警向示威群众开枪的镜头，以及一些沙漠中的城镇巷战的场面。

狄莫看过后问哈桑："我不明白你们为什么劫持这里？按理你们应该争取西方国家的支持。但这样袭击 CERN 难道不是得罪了整个西方世界？"

"事情比你想象的复杂。"哈桑收回手机，说："你一定认为我们国家有着世界上最丰富的石油资源，应该人人都很富。其实完全不是这样。"

"就是说你们国家的贫富差距很大。"

"没错，比你的祖国严重得多。我们国家的财富，90%集中在王室手里。"

"但是剩下的财富也足够支撑国民的高收入了吧？"

"那是很多年以前。你知道，当年有一阵席卷整个阿拉伯世界的革命，突尼斯和埃及政权很快倒台，利比亚内战也很快使卡扎菲倒台，同时也有很多政府被迫换届，很多国家都有游行示威，只有最富裕的卡塔尔和阿联酋没发生什么。沙特虽然也很富，但是人口多，外来移民多，贫富差距越来越大。我们远远没有卡塔尔和阿联酋开放。我们的王室认为自己是两个圣地的监护人，有着至高无上的王权，是逊尼派的原教旨主义者，于是我们成了阿拉伯世界最专制的国家。"

"这不是一朝一夕的事，王室已经统治了很久。"

"没错，但少数什叶派穆斯林没有政治权利。而且外来移民，主要是劳工，更没有什么权利。你知道，如果社会是一个金字塔结构，远远不如一个纺锤结构稳定，尤其是塔尖的王室还在不断增大。当底层民众开始索要权利的时候，王室就开始镇压。"

"但是你还没有告诉我为什么要发动这次恐怖袭击。"

"你知道，沙特是美国在中东的盟友。为了国家利益，美国毫不避讳和这个专制王室合作。但是这次骚乱，欧美都很为难。索要民主的底层百姓会博得更多的同情，反对派也会在暗中获得资助。这种情况就像当年的叙利亚，两方厮杀多年，却没人让他们停手，最后导致整个国家成为一片废墟。当然俄罗斯更过分，自己不管，还投反对票不让别的国家插手。"

"所以你们的目的是吸引眼球？"

"狄莫，咱们换个地方聊。"

哈桑做了一个手势，周围恐怖分子没有跟随，只有他们两人进入了旁边的实验室。

"其实我利用了这帮逊尼派穆斯林兄弟。他们大多不是来自沙特，而是来自北非这些国家的移民，大都是里昂地区的黑帮成员。我们招募了他们。他们英文不好，不会听懂咱们的谈话。"

"我有些糊涂了，你是什叶派？"

"我什么派都不是，我不是一个合格的穆斯林。我从小在沙漠中的村落长大，一生经历了太多的不公，但我还是努力掌控了自己的命运。到英国留学，到这里工作。我也想成为一个出色的物理学家。但是身不由己，我的祖国已经处在战争的边缘。"

"那就是说你想制止战争，劫持人质来逼迫欧美出手？"

"我们是王室的雇佣兵。"

"什么？"

"你没听错。我们假扮是反对派，发动这次袭击，让全世界以为反对派是恐怖分子，然后舆论倒向王室。因为王室控制着军队，控制着石油，控制着全国的财富。欧美为了稳定油价也会选择支持王室。这样，骚乱会很快平息。"

"所以你是帮着王室嫁祸给反对派，从而更肆无忌惮地镇压平民，镇压你出身的阶层，是这样吧？"

"我别无选择，全家老小都在他们的控制下。而且他们提出了很诱人的条件。"

"哈桑，你要纯心嫁祸，为什么不把事情闹大？直接炸掉 CERN，然后宣称对此事负责？"

"听着，狄莫，领头的那个大胡子的真想这么做。但是我不想任何人死，你们都是我的同事，明白？这次只是做做样子。我们安排好的剧情是最后投降，然后都被引渡回国。至于北非的兄弟们，无外乎坐几年牢，但是王室给了他们很多钱，比他们贩毒赚得都多很多。"

"那你想怎么做？"

"把事情闹大，制造恐慌，最好的办法就是启动你们的反物质阱。"

"哈桑，你应该清楚，我们囚禁的反氢原子数量少得可怜，全部湮灭也不到 1 焦耳的能量。"

"但是公众不这么认为，他们会惧怕反物质。"

"会有科学家向公众解释。汉森现在就在外面。"

"哼哼，如果你只是个普通民众，不学物理，你会信那个大叔的解释吗？

我需要的，正是这种实际上不危险，但看上去比核弹都吓人的东西来制造恐慌，同时还确保大家的安全，明白？"

"原来如此，你想赌一把。"

"帮我这一次，兄弟。说服大伙，把MOT做得亮些，我拍成视频散播出去。事后我会告诉王室也分你一份财富，让你下半生不再为钱发愁，相信我。不过，你要保密，不能向别人暴露我真的身份。"

面对枪口，狄莫不得不同意。

…………

狄莫和朴正勇一起被安排在了他们全权负责的121纳米激光系统这里。小林志雄被哈桑叫走交谈。幸运的真田英因为回国休假，躲过一劫。

"大哥，咱们趁他们不注意抢一支枪如何？"朴正勇小声问狄莫。

"开什么玩笑，你不要命了？"

"你忘了我服过两年兵役，枪法绝对比这帮混蛋好。"

"那也不行，太危险。放心，他们不会杀人。"

"朝鲜的人当时也这么说……"

…………

"关掉钛升华泵，我们直接让他拍氢原子。"小林志雄回来告诉二人。

"为什么？"二人不解。

"加速器那边其实断电了，没任何反质子束过来。我们现在用的是备用电源。"

看来小林志雄也被哈桑说服了。如果直接用氢原子制造假象，就不需要其他任何人先囚禁反氢原子。只要他们三人做一个氢原子MOT即可。狄莫注意到恐怖分子把其他同事都转移到了另外的房间。

......

"很好，非常好。"哈桑用 CCD 对准这个氢原子的 MOT——当然比反氢的大很多——并选定 continuous（持续）模式，然后连接到电脑上。

"现场直播。24 小时之后，我们再和他们谈。"哈桑随即离开。

"你们俩听好。先睡一觉。几个小时内，可能有突然状况发生，注意随机应变。"小林志雄嘱咐二人，然后睡去。

大约 3 个小时后，哈桑果然过来带走了小林志雄。只留 1 个恐怖分子看守着狄莫和朴正勇。因为其他同事已经被转移走。空荡的反物质实验室，仅有 3 个人。

"狄莫，这是个好机会。"

"别做傻事，他们只是装样子。哈桑向我保证过。"

"战场上第一准则就是千万别信那帮拿枪指着你的混蛋。只有以暴制暴才能活命。"

"咱们再等一会儿。"

"不能等了，机不可失。大扳手在最下面的抽屉里对吧？"

"你这么干会给他们杀掉咱们的借口。"

"不这么干他们也会杀掉咱们！"

突然外面传来一声巨响。恐怖分子看守吓得一愣，往门口走，准备查看一下。这时外面传来了枪声。

"不好！"朴正勇趁机迅速站起藏在了液氦瓶的后面，向狄莫做着手势。狄莫心领神会，指着液氦瓶后面对着看守呼喊。恐怖分子看守举枪指着狄莫走了过来。在他经过液氦瓶的一刹那，朴正勇突然从侧面扑了上去，两人重重摔地在地上，并扭打在一起。

狄莫见状马上举起桌子上的数字示波器，用颤抖的双手，对着恐怖分子的后脑狠狠砸了下去……这一下把恐怖分子砸得够呛，朴正勇借此机会顺利地夺走了枪。随着一声枪响，朴正勇击碎了恐怖分子的膝盖，让他捂着伤口惨叫。

外面枪声四起，愈演愈烈……

"别杀人，这样就可以了。"狄莫制止朴正勇继续开枪，两人走上二层铁架，俯身走出实验室，想寻找其他同事。枪声不断，估计反恐部队已经攻了进来。

在墙的拐角处，20 米外有一个恐怖分子发现了他们并朝他们射击，朴正勇还击，击倒了这个恐怖分子。服过兵役的人，作战能力果然强。两人继续潜行过去，朴正勇从倒下的恐怖分子手中拿下枪，递给狄莫。

"你会使不？这可不是在打游戏。"

"我试试，保险开着，上膛。"狄莫拉动一下枪栓，一颗完整的子弹从侧面蹦了出来……

"你忘了？开过枪就不用再上膛了。等一下，拨这个钮，选半自动模式。"

狄莫想起了小的时候玩老爸手里的那支老旧的 81 式步枪——AK47 系列的仿制品，和现在手里这支 AKM 看上去非常相似。

"下一步怎么办？"

"你猜他们会把老板带到哪儿？"

"我知道，跟我来。"狄莫想起了哈桑跟他谈话的储藏室。

…………

"被发现了！"

"掩护我！"

在走向储藏室的半路上，他们正面遭遇了一个落单的恐怖分子。恐怖分子藏在墙后向二人射击。狄莫开枪掩护，但是轻度的近视眼使他根本看不清目标。朴正勇一个掩体接着一个掩体向前移动。他停下来狄莫就开枪掩护，他移动起来狄莫就停止射击。恐怖分子根本来不及探出头。二人在实验室工作时和一起玩游戏时练就的默契，居然无缝衔接到了这里。

距离比较近的情况下，找准时机，朴正勇连续几枪射穿了墙角。恐怖分子中弹倒地。

"击中目标！"

就在朴正勇话音未落的时候，突然有子弹从背后射进了他的身体。狄莫回头的一瞬间，未等扣动扳机，他的头部就重重地挨了一下……

狄莫模糊地看到了哈桑和另一个恐怖分子首领夺走他的枪，又用枪托迎面给了他一下……这是狄莫昏倒前的最后一个记忆画面。

断　点

一桶凉水从头顶浇下，狄莫费力地睁开双眼，模糊地看到眼前一片狼藉。他被带回了反物质实验室。小林志雄坐在椅子上，嘴被胶带封着，大腿中弹，鲜血直流……

狄莫想挣扎，却发现双手已经失去力气。

眼前哈桑正和另一个恐怖分子头目在争吵。恐怖分子举起手枪指向他，但被哈桑拦了下来。然后这个头目很不情愿地将手枪递给了哈桑。

哈桑拖着狄莫已经站不稳的身体，一觉踢开了激光调试实验室的门。对，就是这个仅仅和反物质主实验室只隔一道门，狄莫每天都工作的房间。

狄莫稍稍站稳，就看见哈桑举起手枪对着自己。

"砰！"

枪响过后，狄莫感到左腹突然剧烈的疼痛，鲜血喷涌而出。子弹那一点点动量却带着他早已疲惫不堪的身体向后倒下，他的后脑狠狠地摔在了冰冷的地面上——那个每天他都要走过的地方。

狄莫用左手去捂伤口，但一股股鲜血依然从他的指缝中向外流动，就像他无力控制的时间一般。剧烈的疼痛让他的意识逐渐开始模糊，但他依旧能听到外面那剧烈的枪声，还有那些他听不懂的阿拉伯语叫喊声。

他吃力地将双眼睁开一条缝，隐隐约约地看见哈桑走到门口，回头望了他一眼，随后用手一甩重重地关上门。门外的枪声变得不那么刺耳，但依然可以听到。昏暗的室内，只有仪器的表盘上那些微弱的 LED 光芒。

渐渐地，门外的枪声也变得模糊，狄莫感觉呼吸越来越困难，双眼也已睁不开，他逐渐昏迷过去，好像身边的一切都变得与他无关，彻底无关……

…………

这事件成为人类历史上第一次对大型科学实验室的恐怖袭击。就在 MOT 视频上传后的第三个小时，在 CERN 地面守候已久的 GIGN 和 GSG9 两支特种部队，以及少量 SAS 成员收到了强攻的命令，随即炸开入口，攻入 CERN。整个行动不超过半个小时，恐怖分子被全歼。科学家 2 人死亡，5 人受伤，其余全部获救。CNN 和 BBC 称在恐怖分子的随身物品中发现沙特反对派旗帜伊朗什叶派领袖的画像。

…………

中东，沙特阿拉伯政府宣布平息骚乱，解除戒严，同时向伊斯兰世界

保证今年的麦加朝圣将如期举行。伊朗和沙特互相指责对方是各自境内骚乱和恐怖袭击的幕后黑手，两国剑拔弩张，向波斯湾以及伊拉克边境大量屯兵。世界陷入石油危机的边缘。

联合国出面调停，但安理会里某些常任理事国暗地里向双方兜售武器，以原油结算。

…………

刺眼的灯光……零星的金属敲击声……全身毫无知觉。狄莫隐隐约约感觉整个鼻子和嘴都被塑料的东西罩着……

当他再次睁开眼睛的时候，发现自己已经躺在了病床上。

"我还活着……"

过了几分钟，一位金发碧眼的年轻护士掀开布帘走了过来，让狄莫感受到了"天使"的温暖。

"嗨，你醒了。伤口愈合得不错。"

"请问我昏迷了多久？"

"手术是前天晚上做的。手术后大概已经40小时了。"

"谢谢，救了我一命。"

"隔壁的病人说是您的同事，他说看见您醒来就叫我告诉他，可以吗？"

"可以。"

不一会儿，小林志雄就坐着轮椅被护士推了进来。一条腿绑着厚厚的绷带。

"咱俩够走运，都还活着。"

"老板，你的腿绑得像木乃伊一样。"

"别笑话我，你看你肚子，绑得更像木乃伊。"

护士离开。

"对了，正勇怎么样？"

小林志雄突然表情变得严肃，一言不发。

狄莫已经知道了结果……

"我当时以为你也死了。"小林志雄长舒一口气，"我从中枪到被救，被送进医院，做手术，头脑一直是清醒的。手术后我特意拜托医生帮我查一下你们的信息。你被救过来了，枪伤没有中要害。正勇没你那么幸运，胸口中了三枪，枪枪致命。"

"我们当时抢了枪，然后去找你和其他人，太鲁莽了。"

"你们太傻了，当时应该躲起来，就那么几分钟，特种部队就到了。"

"正勇当过兵，枪法很好，我们一路上干掉了三个。"

"两个，你们漏了一个。你俩抢了枪逃走之后，哈桑他们几个人就把我带回了实验室，结果看见同伙躺在地上，全身是血，但还活着，他向他们指出你俩逃走的方向。那个大胡子准备一枪打死我，结果被哈桑按了一下，打在我腿上。两人吵了几句，把我绑住，就去追你们。过了十分钟左右就把你一人拖了回来。我猜正勇已经中枪死了对吧？"

"对，我想起来了，他是背后中的枪。"

"后来哈桑把你扔到激光室开了一枪，我以为你也死了。"

狄莫低头看了看伤口的位置，"看来，哈桑并不想杀我。这一枪射得很偏。"

"他跟我说过他不想杀任何人，不过可惜的是，他们这些袭击者一个都没活下来。"

"啊？哈桑也死了？没有一个人投降？"

273

"那一幕我都看在眼里。就在你中枪不到一分钟，特种部队就冲了进来。哈桑已经举起了双手，但是大胡子在他身后向特种部队射击，结果可想而知，他们都被打成了筛子，连地上那个都没幸免。他真是幼稚，以为这些亡命徒只是做做样子。"

"他跟您讲了他的身份？"

"他说这些事情只告诉了咱们两人。因为我是这里的领导者，你是他朋友。他的计划是回实验室先把正勇放了，骗其他几个人说咱俩是最重要的人物，然后带着咱们一起投降。但我那时就知道，咱们两个要跟他一起陪葬。"

"就是说哈桑和你我最后都会被灭口？"

"对，幼稚的哈桑，他怎么能玩得过那些政客。王室让他当敢死队，显然是让他送死的。据说那帮雇来的恐怖分子还愚蠢地以为他们面对的是贩毒时遇到的警察，还迎面射击、火力压制，结果一个接一个被击毙，连投降的时间都没有。当然，安插在其中的真正的敢死队员的目的就是不留活口，比如那个大胡子。"

"可是哈桑的一家老小都被王室控制着，他是迫不得已必须合作，毫无选择的余地。"

"这个我理解他。而且直到那时，一切还是在按照他的计划进行。但是两个偶然因素令他始料不及，一个就是没人会想到咱们这里有位服过兵役的朴正勇。换句话说，本来死的应该是咱们两个，正勇救了咱们。"

"也就是说正勇是替咱俩死的……"

"可以这么说。"

"另一个因素呢？"

"另一个……狄莫，我曾经跟你抱怨过多次激光器经常失锁的事吧。"

"对，可是我嫌麻烦，换整个锁频系统会耽误时间。况且一般都是一两个小时才失锁，重新锁频就可以了，不碍事。"

"如果 3 个小时没人管呢？"

"3 个小时……我晕，难道 MOT 掉了？"

"当着全世界的面，互联网直播，一团用来吓人的'反物质'突然消失！"

"……我终于明白为什么特种部队突然发起进攻了。没想到这破激光器在关键时刻救了咱们一命。"

"不如说是你的懒惰救了咱们一命……"

"MOT 突然消失，哈桑就把你叫了出去要你想解决办法，随即外面一声巨响炸开入口。然后我和正勇抢了枪，从另一个门逃了出去。然后你们回来，打算恢复 MOT，结果发现我俩跑了。然后你中枪，被绑起来，他们去追我俩。我也被抓了回来，中枪。特种部队攻了进来，救了咱俩。"

"就是这样，整个过程加起来不到 15 分钟。"

…………

"狄莫，你现在也面临着一个两难的选择。"小林志雄严肃地说，"就像哈桑一样，一边是推翻王室专制，寻求自由平等；一边为了家人的安全，选择跟王室合作。哈桑选择了后者。现在你也要面临同样的问题。一边是为了沙特的抗议民众而告诉世界真相，一边是为了哈桑家人的安全而闭口不谈。你会怎么做？"

"我会告诉世界真相。首先，我们的职业就是在追求真相，自然的真相，不对么？其次，我不相信王室真的会保障哈桑家人的安全，也许他们已经死了。"

"如果你保守秘密，沙特王室会偷偷给你一大笔钱，让你一夜暴富，接下来的人生衣食无忧，别墅、豪车，抱得美人归。如果你对媒体说出真相，你将面临追杀，整日生活在恐惧之中，即使回到中国，沙特王室也会通过政府间的合作毁掉你的生活，你怎么选？"

狄莫低头沉默了一会儿，慢慢抬起头："老板，如果朴正勇不死，我非常有可能选择前者。"

"OK，我明白了。咱们一起承担。"

…………

欧洲各大媒体相继报道了CERN恐怖袭击事件后，对当事科学家的采访。两位不愿透露姓名的科学家指出恐怖袭击乃沙特王室一手策划，嫁祸于国内反对派。世界舆论一片哗然，陷入争论。由于沙特方面限制入境，记者无法联系到恐怖分子头目——曾在CERN工作过的科学家哈桑·阿里的家人，真相仍然扑朔迷离。

…………

一位沙特前政府官员向卡塔尔半岛电视台透露了此次恐怖袭击的策划始末，随后维基解密网站上出现相关资料。政府官员出面辟谣，沙特陷入新一轮抗议和骚乱。国际油价上涨。

…………

"恢复得不太好，我不知道还能不能站起来了。"

"放心，老板，没伤及脊髓神经，问题就不大。"

"我不再是你的老板了。你听说了吧，汉森引咎辞职了，整个反物质组烟消云散。"

"听说了，这根本不是他的错。只不过事情的影响太大，舆论压力抗不住。"

"东京大学打算让我回去专心教书，完全离开这里。"

"噢，那你回去做麻辣教师 GTO，还是神探伽利略？我仿佛看见了成群的卡哇伊学生妹。"

"哈，别开玩笑了，就这腿，霍金还差不多。"

"我们没有机会再做反物质了，狄莫，你今后怎么打算？"

"我想先回国陪陪父母，然后再想想今后做什么，也许做跟自旋角动量相关的实验。说实话，中弹的时候，我真的很怕死，我想到了生命中很多值得珍惜的东西。你知道，手术之后，我打电话回家的那一刻，不只是我妈，连我当了多年兵的老爸都哭得不成样子……唉。"

"唉，我的妻子和女儿也是……活着真好。也许我们也应该去韩国看看正勇的父母。知道吗，真田英为此特意学了几句韩语，已经代表我们拜访过他家一次了。"

"嗯，这必须要去。"

…………

"这次事件，是我们的人生一个断点。突如其来的事件改变了一切，就像量子叠加态被测量了一样，让我回到了自己的本征态。断点过后，我还要勇敢地走下去。如果我是个狄拉克方程描述的电子，那么这次的测量结果就是 spin down，回归自我。"——狄莫

《狄拉克之旋》完

等等，有了 spin down（自旋朝下），怎能少了 spin up（自旋朝上）？如果您期待一个悲伤的结局，上面的就是，您可以到此为止，这个就是结局。但如果您期待一个更梦幻一点的结局，请继续：

…………

"你小子居然经历了这么不可思议的事！唉，我这大半辈子活得都远远不如你的这两年精彩。"李武越非常感慨。

"事实难料，不过我一点都不后悔出去这一趟。"

"吃过枪子，真行。伤口完全愈合了吧？"

"没事了。可能以后激烈运动得注意点，踢球或者游泳应该无大碍。"

"好吧。你这次回来的真是时候，刚好赶上咱们春游，一起去吧，散散心。"

"不会又是以前那个什么古镇吧？"

"哈哈，还能是哪儿？年年都去，我也烦。"

"让我再体验一回江南水乡也不错。"

…………

在宾馆用笔记本打开许久不用的 QQ，狄莫无意中看到了赵婷婷 QQ 空间更新的照片，一个刚出生的小宝宝。于是狄莫好奇地点开她之前的照片。两年不见，她和那个官二代复合了，去年结了婚，今年刚生了小孩。

…………

两天后。

"狄莫，往这儿走，右拐，有个石桥，上面有人等你。"李武越在整个实验室游玩的队伍中突然拦下狄莫，指着一个路口说。

"啥？有人等我？真的假的？"

"没错，赶紧去。我们大部队就先坐车回去了，你自由活动。"

"晕……到底谁啊？把我扔这儿。"

"你过去就知道了，走喽，回头见。"

狄莫一头雾水，但还是按照李武越的指引走了过去。

…………

这条小河畔游客比较少。狄莫看见一个倚靠在石桥栏杆上的背影，一把张开的纸伞挡住了身体的绝大部分。

"不会是沙特王室查到了我的身份，派特工来做掉我吧。"狄莫想想，自己都觉得好笑。

越走越近，狄莫越来越好奇。伞的背后究竟是谁？我认不认识？李老师卖的什么关子？

狄莫看见这个身影穿着长裙，身材婀娜，心想不会是李老师变相给他安排相亲呢吧？他确实提过这事，说大龄青年了，该成家立业了。问题是这也太唐突了吧？不过这倒符合李老师这个老顽童的风格。

"您好，请问是您在这里等我吗？"

持伞的女孩缓缓地转过身，狄莫顿时惊呆。

"吓傻了你？心里乐开花了吧？"

"居……居然是你！我的天啊！"狄莫已经乐得合不上嘴。

"哎呀，你轻点抱，勒死我了……"

"天哪……让我平静一下。你居然能找到我老板，设计这一出。"

"你以前跟我提过李老师的，忘了？"

"哈，对。你是不是想我了，找不到我，然后问的我老板？"

"想得美啦。我是看新闻，那个欧核中心被劫持了。然后查到李老师电话，想问问你死了没有。"

"哈哈，那么盼我死啊？说真的就差一点。"

"逞英雄，不要命。让我看看你的伤。"

"这儿呢……啊！轻点按，疼……"

"你以后让我生气我就按这里。"

"这真是个大惊喜，你在这儿等多久了，小弦？"

"不太久，李老师给我打电话说你们快到了，我才从酒店出来的。"

"那咱们往回走？"

"先陪我逛逛嘛。"

"好，没问题！"

…………

"小丫头，还是那么漂亮。"

"你去了次欧洲，更会甜言蜜语了。"

"我以前这样吗？"

"当然啦。"

"其实吧，我在那边是天天想你，彻夜难眠，整天幻想咱们重逢的场景。"

"骗人！"

《狄拉克之旋》完（这次是真的）

后记

　　感谢您阅读此书。希望我的文集能让您领略量子物理学之美，同时感受到量子物理学不断改变世界的强大力量。这是属于我的量子故事，也是属于大家的量子故事。欢迎关注我的微博"九维空间Sturman"，也欢迎在"悟空问答"上向我提问，ID同样是我的笔名"九维空间"。

　　在此向读者推荐一下为我作序的三位老师的作品。首先，是中国科学院物理研究所的曹则贤老师，他的《物理学咬文嚼字》系列，可以让我们对很多物理学名词和概念有着更深入的认识。他的《一念非凡：科学巨擘是怎样炼成的》，顾名思义，会让我们对物理学家做出伟大发现的经历有着更深入的了解。读者可在央视一套的《加油向未来》节目中一睹他的风采。其次，是中国科学院物理研究所的罗会仟老师，我俩都曾是最新版《十万个为什么》物理卷的撰稿人，他的《水煮物理》系列向大家深入浅出地讲述了很多物理学知识，他最新的作品《超导小时代》是网络上最好的超导科普连载。最后，是北京市科协的张轩中老师，他的《相对论通俗演义》《日出：量子力学与相对论》《魔镜：杨振宁、原子弹与诺贝尔奖》均用非常生动的小说形式讲述了20世纪物理学那一个个伟大的发现。

此外，我还向读者推荐几位物理学家，他们在繁忙的工作之余不忘为大家科普高深的物理学前沿知识。其一是著名的李淼老师，现任中山大学物理与天文学院院长。他写的关于超弦理论和宇宙学的科普文章曾启蒙了我们这一代很多的物理学子。其二是中国科学院高能物理研究所的张双南老师，他曾是央视一套的《开讲了》和《加油向未来》节目嘉宾，他的文章是公众了解天体物理学的首选，他对美学也有着独到的见解。其三是中国科学院高能物理研究所的曹俊老师，他的文章是公众理解和学习中微子物理的首选。

最后，向大家推荐微信公众号"墨子沙龙"。该沙龙由我所在团队的领导人潘建伟院士发起，两年以来遍请了中国在各个领域的知名科学家为公众做科普报告，所有的现场视频都会在公众号上发布。

希望我们的努力能拉近科学与公众的距离，让大家快乐地学到科学前沿的知识。

张文卓

2017 年 11 月